贺兰山鸟类图谱

 胡永宁　段志鸿　王志芳　主编

U0306461

中国农业科学技术出版社

图书在版编目（CIP）数据

贺兰山鸟类图谱 / 胡永宁，段志鸿，王志芳主编 .--
北京：中国农业科学技术出版社，2021.7
　ISBN 978 – 7 – 5116 – 5385 – 7

　Ⅰ . ①贺… 　Ⅱ . ①胡… ②段… ③王… 　Ⅲ . ①贺兰山—
鸟类—图谱 　Ⅳ . ① Q959.708-64

中国版本图书馆 CIP 数据核字（2021）第 114255 号

责任编辑　李冠桥　马维玲
责任校对　李向荣
责任印制　姜义伟　王思文

出 版 者　中国农业科学技术出版社
　　　　　北京市中关村南大街 12 号　邮编：100081
电　　话　（010）82109705（编辑室）　（010）82109702（发行部）
　　　　　（010）82109709（读者服务部）
传　　真　（010）82106650
网　　址　http://www.CASTP.cn
经 销 者　各地新华书店
印 刷 者　北京地大彩印有限公司
开　　本　210 mm × 297 mm　1/16
印　　张　19
字　　数　458 千字
版　　次　2021 年 7 月第 1 版　2021 年 7 月第 1 次印刷
定　　价　120.00 元

《贺兰山鸟类图谱》
编委会

主　　编　胡永宁　　　段志鸿　　　王志芳

副 主 编　代　瑞　　　刘　东　　　苏　云　　　王晓勤

参编人员　金廷文　　　多海英　　　孔芳毅　　　李云霞

　　　　　张馨月　　　张雅丽　　　布日古德　　阿丽玛

　　　　　夏　天　　　陶　君

序

我曾几次到访贺兰山，早就知道那是我国西北地区的一座名山，青山绿水、茂密植被、优越环境是我对那里的第一印象。进一步了解得知，贺兰山位于内蒙古与宁夏两个自治区的交界地带，南北绵延 220 千米，东西宽约 30 千米，海拔多在 2000~3000 米，主峰海拔 3556 米。这里是我国温带草原与荒漠区域的自然分界线，特殊的地理区位和良好的生态环境为丰富多样的动植物提供了理想的栖息条件。

在贺兰山生物多样性的组成中，鸟类是最有特色的动物类群之一。无论是在森林、草原还是湿地，你都能看到很多鸟类在觅食、在鸣唱、在飞翔。其中，蓝马鸡、山噪鹛、贺兰山岩鹨、贺兰山红尾鸲是我国鸟类的特有种，金雕、黑鹳、红隼、鸳鸯、草原雕等物种是国家重点保护野生动物。加强鸟类资源的保护，对于拯救珍稀濒危鸟种，维持贺兰山生态系统的服务功能具有重要意义。

贺兰山作为我国西北生物多样性的一个富集区，搞清其生物物种的组成和资源分布现状，可为开展生物多样性保护提供依据。长期以来，内蒙古贺兰山国家级自然保护区一直重视资源本底调查和生态监测工作，陆续产出了一批具有重要影响力的科研成果。依据以往多年来的考察成果，内蒙古贺兰山国家级自然保护区管理局组织编写了《贺兰山鸟类图谱》一书，共收录鸟类 19 目 54 科 255 种，是全面展示贺兰山鸟类多样性的一本最新著作。书中每种鸟类不仅有中文名、拉丁学名和英文名，还配有精彩的生态图片，充分展现了贺兰山鸟类的风采和魅力。

《贺兰山鸟类图谱》是内蒙古贺兰山国家级自然保护区科研人员和阿拉善爱鸟人士王志芳老师长期合作的成果。在过去的 20 年里，本书作者拍摄了很多高质量的鸟类图片，收集了大量鸟类调查监测的数据，是长期观鸟成果的总结，也是一本较为实用的观鸟图鉴，可以帮助广大鸟类爱好者和青少年更好地了解、认识贺兰山地区的鸟类资源，理解鸟与人类的关系，从而达到自觉爱鸟护鸟、保护全球生物多样性的目标。

《贺兰山鸟类图谱》的出版，对内蒙古贺兰山国家级自然保护区的生态保护、科学研究、科普宣传以及动物资源管理等，将发挥十分积极的作用。我相信，该书也将进一步促进内蒙古自治区的观鸟爱鸟活动。我期待，在该书的带动下，内蒙古贺兰山国家级自然保护区会发展得越来越好。

是以为序。

中国动物学会副理事长
北京师范大学教授
2021 年 6 月

前　言

　　贺兰山是我国西北地区重要的自然地理分界线，也是内蒙古西部最大的天然次生林区，更是我国干旱与半干旱区、荒漠草原和温带草原、季风气候和非季风气候的分界线，它以南北走向坐落于阿拉善高原与银川平原之间，有效阻挡了腾格里沙漠与乌兰布和沙漠的东侵南移，其生态区位极其重要，是西北地区的天然生态屏障。

　　贺兰山作为我国八大生物多样性中心之一的"阿拉善—鄂尔多斯中心"的核心区，具有复杂多样的植被区系类型和较为完整的山地植被垂直带谱。贺兰山在动物地理区划上属于古北界中亚亚界的蒙新区西部荒漠亚区和东部草原亚区的过渡地带，拥有较为珍稀而丰富的生物资源。贺兰山又是我国河流外流区和内流区的分水岭，是黄河流域重要的生态廊道，历来就是迁徙鸟类的必经之地。鸟类作为生态系统的重要成员，对维护贺兰山生态系统稳定和健康发展发挥了巨大作用。

　　内蒙古贺兰山国家级自然保护区自1992年成立以来，通过"天然林保护""森林生态效益补偿""退牧还林移民搬迁""封山育林"等系列生态保护工程项目的实施，生态状况逐步好转，生物多样性保护和恢复成效逐步显现，为鸟类生存繁衍创造了良好条件。据内蒙古贺兰山国家级自然保护区第一次综合科学考察系列丛书中《贺兰山鸟类图谱》一书共记录鸟纲14目31科143种。为了满足科研人员、基层管护人员及广大鸟类爱好者的需要，内蒙古贺兰山国家级自然保护区管理局和社会爱鸟人士王志芳女士合作，将长期以来监测拍摄到的贺兰山地区鸟类汇总编辑了《贺兰山鸟类图谱》一书，该书共收录贺兰山地区鸟类19目54科255种，其中包括国家Ⅰ级重点保护鸟类8种，分别是黑鹳、青头潜鸭、胡兀鹫、秃鹫、草原雕、金雕、猎隼、遗鸥，国家Ⅱ级重点保护鸟类40种，包括贺兰山的2个特有种：贺兰山红尾鸲、贺兰山岩鹨。书中采用真实记录到的鸟类图片清晰地反映了每一种鸟的基本特征，配以精炼的文字介绍和中文名、拉丁名、英文名、保护等级等内容，为使用者更好地学习、认识和野外快速辨识鸟种提供了方便。值得一提的是，在中文名下边还特意加注了汉语拼音，以解决鸟种名中疑难字的认读问题。

　　本书是一部内容丰富、图文并茂，兼具科学性、实用性和观赏性于一体的科普教育工具书，除用于日常鸟类保护识别外，还可以促进鸟类爱好者、广大青少年更好地了解、认识贺兰山地区的鸟类，认识鸟与自然环境与人类的关系，从而达到自觉爱鸟、护鸟和保护我们赖以生存的自然生态环境的目的。

由于作者水平有限，遗漏等不足之处在所难免，也真诚希望读者予以批评指正，以便日后对本书再版时进一步完善和修正。东北林业大学在读博士研究生张致荣、李宗智，硕士研究生米书慧、谢建冲，参与了本书物种拉丁名、中文名、英文名及分类等校对和修订工作，在此一并表示衷心的感谢！

编 者

2021年6月

目　录

雁形目

鸭 科

1. 灰雁
(huī yàn)

学　名：*Anser anser*
英文名：Greylag Goose

　　中型游禽，体长 80 ～ 94 厘米，雌雄同色，雄略大于雌。头至后颈灰色，略带褐色，上体灰褐色而具淡棕色细纹；下体白，杂有暗色不规则斑块；尾上覆羽、尾下覆羽及外侧尾羽端部白色。嘴和脚粉红色。幼鸟似成鸟，但羽色偏褐色，嘴基无白色细环纹，胁无白色横纹。

　　主要栖息于多水生植物的淡水水域，栖息于草地、湖泊、河流、沼泽、农田及水库中，觅食于浅水区和湖边草地。

　　在我国繁殖于北方大部分地区，越冬于整个南方适宜水域。

　　在内蒙古自治区阿拉善盟为夏候鸟。见于贺兰山外缘水库、涝坝等水域边缘。

　　世界自然保护联盟（IUCN）评估等级：无危（LC）。

摄于阿拉善左旗巴彦浩特镇敖包沟公园，王志芳

2. 鸿雁
（hóng yàn）

学　名：*Anser cygnoid*
英文名：Swan Goose

中型游禽，体长约90厘米，雌雄同色，雌性略小。嘴基有白色细环纹，前额甚平与上嘴成直线；头顶至后颈栗褐色，下颊和前颈近白色，与后颈栗褐色分界明显；上体灰褐色具浅色羽缘，尾上覆羽白色，尾黑褐末端白色；下体浅褐色，胁部有深褐色横斑，臀及尾下覆羽白色。脚橙黄色。

非繁殖期主要栖息于开阔湖泊、河流、水库、沼泽、农田、海滨、河口以及海湾水域，常与其他大型雁类混群；主要以植物性食物为主。

在我国主要繁殖于东北黑龙江、吉林和内蒙古，越冬于长江中下游至东南沿海，罕见越冬于我国台湾。

在阿拉善盟为旅鸟。在阿拉善左旗巴彦木仁苏木及巴彦浩特镇有少量记录。

国家保护等级：Ⅱ级。

世界自然保护联盟（IUCN）评估等级：易危（VU）。

摄于阿拉善左旗巴彦浩特镇敖包沟公园，王志芳

3. 豆雁

（dòu yàn）

学　名：*Anser fabalis*

英文名：Taiga Bean Goose

　　中型游禽，体长 70～90 厘米，雌雄同色。嘴黑色，前端橘黄色带斑，头至颈暗褐色，具暗色纵纹；背及翼黑褐色、具白色羽缘；胸、腹浅棕色，两胁具灰褐色横斑，尾上覆羽和尾下覆羽白色。脚橘红色。

　　栖息于开阔湖泊、河流、水库、沼泽、农田等水域，迁徙季节常集成几十只大群集体觅食。以植物性食物为主。

　　在我国非繁殖期见于西北、东北、西南、长江中下游和东南沿海及台湾地区。

　　在阿拉善盟为旅鸟。迁徙季节易见于贺兰山外缘地区。

　　世界自然保护联盟（IUCN）评估等级：无危（LC）。

摄于阿拉善左旗巴彦浩特镇中水水库，王志芳

摄于阿拉善左旗巴彦浩特镇中水水库，王志芳

4. 白额雁
（bái é yàn）

学　名：*Anser albifrons*
英文名：Greater White-fronted Goose

　　中型游禽，体长 65～86 厘米，雌雄同色。嘴粉红色，尖端白，额基有白色环斑，环斑外缘黑色；成鸟通体棕褐色而具有白色和黑色横斑；有些个体腹部具黑色粗条斑，尾上覆羽及尾下覆羽白色，尾羽黑褐色、末端白色。脚橘红色。幼鸟额基白色环斑不明显或无，胸、腹无粗黑横斑。飞行时，额、颈部色暗，颈短。

　　栖息于开阔湖泊、河流、水库、沼泽、农田等水域，常与其他大型雁类混群。喜欢在陆地活动，也善于游泳。以植物性食物为主。

　　在我国迁徙时见于东北至西南的大部分适宜水域，越冬于长江中下游和东南沿海及地区。

　　在阿拉善盟为迷鸟。2019 年 10 月于阿拉善左旗巴彦浩特镇红沟水库有 1 笔记录（2 只）。

　　国家保护等级：Ⅱ级。

　　世界自然保护联盟（IUCN）评估等级：无危（LC）。

摄于阿拉善左旗巴彦浩特镇红沟水库，李建平

5. 小天鹅
（xiǎo tiān é）

学　名：*Cygnus columbianus*
英文名：Tundra Swan

　　大型游禽，体长 115～140 厘米，雌雄同色。嘴基部黄色至鼻孔，端部黑色，黑色部分区域较大天鹅的大；全身的羽毛雪白，繁殖期头部羽色略显棕黄色。幼鸟全身灰褐色，嘴基部粉红色，嘴端黑色，头和颈部较暗。脚黑色。

　　喜欢栖息在开阔的、食物丰富的浅水水域中，如富有水生植物的湖泊、水塘和流速缓慢的河流。

　　在我国越冬于长江中下游和东南沿海，偶至华南及西南的大型河流和湖泊地带，迷鸟至我国台湾。

　　在阿拉善盟为旅鸟。迁徙季节常见于阿拉善盟全盟范围。

　　国家保护等级：Ⅱ级。

　　世界自然保护联盟（IUCN）评估等级：无危（LC）。

摄于阿拉善左旗巴彦浩特镇红沟水库，王志芳

摄于阿拉善左旗巴润别立镇水库，王志芳

6. 大天鹅
（dà tiān é）

学　名：*Cygnus cygnus*
英文名：Whooper Swan

　　大型游禽，体长 145 ～ 165 厘米，雌雄同色。上嘴基部黄色，黄斑沿两侧向前延伸至鼻孔之下，成喇叭形，嘴端黑色。全身羽毛雪白，体型比小天鹅大，颈长，在水面时常直伸。脚黑色。幼鸟全身灰褐色，嘴基部粉红色，嘴端黑色，头和颈部较暗，下体、尾和飞羽较淡。它是世界上飞得最高的鸟类之一，迁徙时能飞越珠穆朗玛峰。

　　喜欢栖息在开阔的、食物丰富的浅水水域，以水生植物的根、茎、叶、种子为食，也吃少量软体动物、水生鱼类及蛙、蚯蚓等。

　　在我国繁殖于新疆、内蒙古东部和东北，越冬于黄河和长江中下游流域，迁徙时经过华北、华东及东南沿海。

　　在阿拉善盟为旅鸟。迁徙季节见于阿拉善盟全盟范围，数量较小天鹅少。

　　国家保护等级：Ⅱ级。

　　世界自然保护联盟（IUCN）评估等级：无危（LC）。

摄于阿拉善左旗巴彦浩特镇生态公园，赵生勇

摄于阿拉善左旗巴彦浩特镇生态公园，聂海英

7. 赤麻鸭
（chì má yā）

学　名：*Tadorna ferruginea*
英文名：Ruddy Shelduck

中型游禽，体长58～70厘米，雌雄同色。嘴黑色；全身橙黄色，头至颈由白至橙黄色渐深，雄鸟颈部具狭窄黑色颈环，雌鸟无黑色颈环，但脸较白。脚黑色。飞行时白色的翅上覆羽及铜绿色翼镜明显可见。幼鸟羽色较淡，头、颈沾灰褐色，后背略沾黑褐色。

栖息于草原、沙漠上的湖泊、河流、沼泽、农田及水库中，主要见于淡水水域，非繁殖期结成数十至数百只群体，多觅食于草地和浅滩。

在我国繁殖于东北经内蒙古沿青藏高原东部边缘以西的区域，其中新疆北部和西藏中西部有留鸟种群；越冬于东北南部、华北、长江流域、东南沿海及我国台湾。

在阿拉善盟为夏候鸟。为阿拉善盟的优势种，常见于阿拉善盟全盟范围，种群数量大。随着暖冬现象的出现，近年来冬季不迁徙的种群数量越来越大。

世界自然保护联盟（IUCN）评估等级：无危（LC）。

雌、雏，摄于阿拉善左旗巴彦浩特镇敖包沟公园，王志芳

雄，摄于贺兰山长流水，王志芳

8. 鸳鸯
（yuān yāng）

学　名：*Aix galericulata*
英文名：Mandarin Duck

　　中小型游禽，体长 41～51 厘米，雌雄异色。雄鸟嘴红色，头顶橙色至绿色羽冠，眼后具宽阔的白色眉纹，颈部具橙色丝状羽；翼折拢后形成橙黄色的炫耀性帆状饰羽，翼镜绿色而具白色边缘；胸部紫色，胸腹至尾下覆羽白色，胁部浅棕色；脚橙黄色。雌鸟全身乌灰褐色；嘴灰褐色，眼圈白色，眼后有白色眼纹；翼镜同雄鸟，不具帆状饰羽；胸至两胁具暗褐色鳞状斑；脚灰绿色。幼鸟羽色似雌鸟，雄性幼鸟从第一年繁殖羽开始逐渐换出多彩的羽毛。

　　繁殖期栖息在多林地的河流、湖泊、沼泽和水库中，非繁殖期活动于清澈河流与湖泊水域。通常不潜水，常在陆地上活动。杂食性，食物包括植物的根、茎、叶、种子，以及昆虫、小鱼、虾、蛙、蜘蛛等。

　　在我国繁殖于东北、华北、西南以及台湾地区，迁徙时见于华中和华东大部，越冬于长江流域及其以南水域。

　　在阿拉善盟为迷鸟。2019 年 4 月偶见于贺兰山北寺沟口水塘；2021 年 4 月偶见于巴彦浩特镇红沟水库及水磨沟。

　　国家保护等级：Ⅱ级。

　　世界自然保护联盟（IUCN）评估等级：无危（LC）。

摄于贺兰山北寺，王兆锭

9. 琵嘴鸭
(pí zuǐ yā)

学　名：*Spatula clypeata*
英文名：Northern Shoveler

　　中型游禽，体长 43 ～ 56 厘米，雌雄异色。嘴宽长，末端呈匙形。雄鸟嘴黑色，虹膜黄色，头至颈深绿色而具光泽，体背暗褐夹杂褐色及白色饰羽；胸及臀侧白色，腹部及体侧栗红色，尾上、下覆羽黑色具绿色金属光泽，两侧尾羽白色；脚黑色。雌鸟嘴褐至橘黄色，虹膜棕褐色；通体褐色具深色轴斑和淡色羽缘，斑驳图案与赤膀鸭、绿头鸭及罗纹鸭雌鸟相似，但嘴形不同；贯眼纹深色，尾近白色；脚橘黄色。飞行时浅灰蓝色的翼上覆羽与深色飞羽及绿色翼镜成对比。

　　非繁殖期成群活动，喜多水生植物的生境，常与其他河鸭和潜鸭混群。

　　在我国繁殖于西北和东北，越冬于秦岭以南的水域，包括我国海南和台湾地区。

　　在阿拉善盟为夏候鸟。夏季见于贺兰山外缘水库或涝坝等水域，数量不多。

　　世界自然保护联盟（IUCN）评估等级：无危（LC）。

摄于阿拉善左旗巴彦浩特镇生态公园，王志芳

10. 赤膀鸭
（chì bǎng yā）

学　名：*Mareca strepera*
英文名：Gadwall

　　中型游禽，体长45～57厘米，雌雄异色。雄鸟嘴黑色，头、颈灰褐色；通体暗灰色，背有栗褐色饰羽，翼黑色，翼镜白色；尾上覆羽黑色，尾羽灰色；胸部及体侧密布蠕虫状白色细鳞纹，尾下覆羽黑色。雌鸟通体浅褐色，具暗色轴斑及淡色羽缘；嘴橘黄，上嘴峰黑色，头、颈较灰，有明显过眼纹，似绿头鸭雌鸟，但头较扁，嘴侧橘黄，腹部及翼镜白色，体型略小；似罗纹鸭雌鸟，嘴颜色和翼镜不同。脚橘黄色。幼鸟甚似雌鸟而体色较深。

　　栖于开阔的淡水湖泊及沼泽地带，喜多水生植物的生境，常与其他河鸭和潜鸭混群。以植物性食物为主。

　　在我国繁殖于东北和新疆，迁徙时经过华中和华东大部，越冬于长江以南水域，包括我国台湾地区。

　　在阿拉善盟为旅鸟、夏候鸟。迁徙季节见于贺兰山外缘水库、涝坝等水域。

　　世界自然保护联盟（IUCN）评估等级：无危（LC）。

雌，摄于阿拉善左旗巴彦浩特镇生态公园，王志芳

雄，摄于阿拉善左旗巴彦浩特镇巴彦霍德水库，王志芳

11. 罗纹鸭

（luó wén yā）

学　名：*Mareca falcata*
英文名：Falcated Duck

中型游禽，体长 46 ～ 54 厘米，雌雄异色。雄鸟嘴黑色，头顶及颊栗紫色，脸侧至后颈绿色具金属光泽，闪光的冠羽延垂至颈项，前额基部有小白斑；体灰色具暗色细波纹、胸部鳞纹鲜明；黑、白色的三级飞羽长而弯曲；喉及前颈白色被墨绿色颈环分割开来；臀黑色，臀侧具皮黄色三角斑块。雌鸟嘴黑色，头颈暗褐色杂细纹，身体大致褐色具深色轴斑及淡色羽缘，体侧密布扇贝形斑纹。脚黑灰色。飞行时，翼镜暗绿色、上缘白色；雄鸟前额白色与暗绿色颈环甚醒目。

栖于河流、湖泊、水库、沼泽等水域，常与其他河鸭和潜鸭混群。主要以植物和水生昆虫为食。

在我国繁殖于东北，越冬于黄河及以南水域，包括我国台湾和海南。

在阿拉善盟为迷鸟。2008 年 3 月于巴彦浩特镇红沟水库有 1 笔记录（雌、雄 2 只）。2019 年在巴彦木仁有 1 笔记录（1 只）。

世界自然保护联盟（IUCN）评估等级：近危（NT）。

雄，摄于阿拉善左旗巴彦木仁苏木，林剑声

12. 赤颈鸭
（chì jǐng yā）

学　名：*Mareca penelope*
英文名：Eurasian Wigeon

　　中型游禽，体长 45～51 厘米，雌雄异色。雄鸟嘴蓝灰色，端部黑色，头部和颈部栗红色，顶部至前额浅黄色，胸部红褐色；背及体侧灰色具黑色细波纹，翼具大块白色斑，羽镜深绿色；腹部浅皮黄色，尾下覆羽黑色，下体后侧白色。雌鸟通体红棕色，眼周色深，下腹白色，嘴与雄鸟同色。脚黑色。飞行时，翼镜绿色，翼下中央及腋羽灰色，白色椭圆形腹羽为其辨识要领。

　　喜多水生植物的生境，常与其他河鸭和潜鸭混群。以植物性食物为主要食物，也吃少量动物性食物。

　　在我国繁殖于东北和新疆北部，越冬于黄河以南的水域，包括我国台湾和海南。

　　在阿拉善盟为旅鸟。迁徙季节见于贺兰山外缘各种水域，数量不多。

　　世界自然保护联盟（IUCN）评估等级：无危（LC）。

摄于阿拉善左旗巴彦浩特镇生态公园，王志芳

雄，摄于贺兰山长流水，王志芳

13. 斑嘴鸭
（bān zuǐ yā）

学　名：*Anas zonorhyncha*
英文名：Eastern Spot-billed Duck

　　中型游禽，体长 58～63 厘米，雌雄同色。通体深褐色，头色浅，顶及眼线色深，嘴黑而嘴端黄且于繁殖期黄色嘴端顶尖有一黑点为本种特征；喉及颊皮黄，有过颊的深色纹；深色羽带浅色羽缘，使全身体羽呈浓密扇贝形；翼镜金属蓝色而泛紫色光泽，白色的三级飞羽停栖时有时可见，飞行时甚明显。脚橘红色。

　　常成群活动于淡水湖泊、河流、沼泽和河口地带，多与其他大型河鸭混群。主要以水草等植物性食物为食，也吃一些螺类和水生昆虫等。

　　我国甚常见，繁殖于东北至华中、华东及西南大部分适宜生境，越冬于长江以南水域，包括我国台湾和海南。

　　在阿拉善盟为夏候鸟。见于贺兰山外缘各种水域。

　　世界自然保护联盟（IUCN）评估等级：无危（LC）。

摄于阿拉善左旗巴彦浩特镇贺兰水库，王志芳

摄于贺兰山塔尔岭水库，王志芳

14. 绿头鸭
（lǜ tóu yā）

学　名：*Anas platyrhynchos*
英文名：Mallard

　　中型游禽，体长 50 ～ 60 厘米，雌雄异色。雄鸟嘴黄绿色，繁殖羽头及颈深绿色带金属光泽，具白色细颈环和栗红色胸部；其余体羽大致灰棕色，背棕色较浓；翼镜蓝紫色，腰、尾上覆羽及臀黑色，尾羽白色，中央 2 对尾羽黑色、向上卷曲。雌鸟嘴橙色，上嘴峰黑色，头、颈浅灰褐、具暗色细纵纹，有明显褐色过眼纹；上体大致黄褐色而有斑驳褐色斑纹并具淡色羽缘，翼镜蓝紫色。脚橘黄色。飞行时，翼镜蓝紫色、外缘黑色，上、下缘白色略宽。

　　成群活动于淡水湖泊、河流、沼泽和河口地带。主要以野生植物的叶、芽、茎及水藻和种子等植物性食物为食，也吃软体动物、甲壳类、水生昆虫等动物性食物。

　　在我国繁殖于西北、东北、华北和西部高原地区，越冬于沿海地区、黄河流域及以南地区，包括我国台湾和海南。

　　在阿拉善盟为夏候鸟。常见于贺兰山外缘各种水域。

　　世界自然保护联盟（IUCN）评估等级：无危（LC）。

雄，摄于贺兰山长流水，王志芳

雌、雄，摄于阿拉善左旗巴彦浩特镇敖包沟公园，王志芳

15. 针尾鸭
（zhēn wěi yā）

学　名：*Anas acuta*
英文名：Northern Pintail

中型游禽，体长 51 ～ 76 厘米，雌雄异色。雄鸟嘴铅灰色、上嘴峰黑色，头和后颈巧克力色，前颈及胸白色、沿颈侧延伸至后颈；后颈至背以及两胁由巧克力色渐变为棕灰色，并具深色细的波纹，背部具较长的黑白交错的饰羽；翼镜绿铜色，上缘浅棕色，下缘黑色；腰侧有白色斑块，尾羽黑色，中央 2 根尾羽特别长；尾下覆羽黑色。雌鸟嘴黑色，头颈棕褐色具暗色细点斑；体黯淡褐色，具扇贝形纹；下体污白色，尾较雄鸟短。脚灰黑色。

喜结群在沼泽、河流和湖泊水域活动，取食于水面和浅水域，多与其他河鸭混群。

在国内繁殖于西北地区，迁徙时见于东部大部分地区，越冬于长江以南水域，包括我国台湾和海南。

在阿拉善盟为旅鸟。迁徙季节见于贺兰山外缘水域，数量不多。

世界自然保护联盟（IUCN）评估等级：无危（LC）。

雌、雄，摄于阿拉善左旗巴彦浩特镇巴彦霍德水库，王志芳

16. 绿翅鸭
（lǜ chì yā）

学　名：*Anas crecca*
英文名：Eurasian Teal

　　游禽，体型较小，体长34～38厘米，雌雄异色。雄鸟嘴黑色，头至颈红棕色，眼周至颈侧具明显的金属绿色眼罩，肩羽上有一道长长的白色条纹，上背、肩至胁部灰色具黑色鳞状细纹，翼镜墨绿色；胸沾褐色有暗色细点斑，腹部污白色，臀黑色、两侧具醒目的皮黄色三角形斑块。雌鸟嘴灰色、嘴基带橙黄色，通体棕褐色，头部颜色较浅并具深色贯眼纹，翼镜墨绿色；腹污白色，尾侧有白色横斑。脚灰褐色。飞行时，绿色翼镜较明显。

　　栖息于河流、水库、湖泊、水田、池塘、沼泽、沙洲、泻湖、海湾和滨海等绝大多数水域，多集大群，常与其他鸭子混群。

　　在国内繁殖于新疆和东北，越冬于黄河以南的多种水域。

　　在阿拉善盟为夏候鸟。迁徙季节常见于贺兰山外缘水域，数量较多。

　　世界自然保护联盟（IUCN）评估等级：无危（LC）。

摄于阿拉善左旗巴彦木仁苏木，林剑声

摄于贺兰山方家田水库，王志芳

17. 赤嘴潜鸭

(chì zuǐ qián yā)

学　名: *Netta rufina*
英文名: Red-crested Pochard

　　中型游禽，体长53～57厘米，雌雄异色。雄鸟嘴鲜红色、尖端有黄点，头部圆而膨大呈橘黄色，脸至喉棕黄色，后枕至颈、前胸、下腹黑色；上背灰褐色，两胁白色，翼镜白色；尾部黑色；脚粉褐色至黄褐色。雌鸟嘴黑色、尖端红色，全身灰褐色，头顶深褐色，脸部至颈部灰白色；脚灰黑色。幼鸟羽色似雌鸟，色淡。

　　成群活动，潜水觅食，也取食于水面，多以植物为食。

　　在国内繁殖于西北，越冬于西南部的高原湖泊。

　　在阿拉善盟为夏候鸟。夏季常见于贺兰山外缘各种水域，数量较多。

　　世界自然保护联盟（IUCN）评估等级：无危（LC）。

摄于阿拉善左旗巴彦浩特镇生态公园，王志芳

雌、雄，摄于阿拉善左旗巴彦浩特镇巴彦霍德水库，王志芳

18. 红头潜鸭
（hóng tóu qián yā）

学　名：*Aythya ferina*
英文名：Common Pochard

中小型游禽，体长 42～49 厘米，雌雄异色。繁殖期雄鸟头至颈栗红色，胸部及尾上覆羽、臀部黑色，上背、翼、两胁及下腹灰白色；非繁殖期头部变暗为棕红色。雌鸟头、颈至胸棕褐色，眼周皮黄色，背灰褐色，两胁及下体灰色。幼鸟似雌鸟。嘴黑色，中段蓝灰；脚青灰色。

栖息于河流、水库、湖泊、池塘、沼泽等水域，非繁殖期多集大群，常与其他潜鸭混群。

在国内繁殖于新疆及东北，迁徙时见于西部、中部、东北和华北大部分地区，越冬于黄河、长江以南水域，包括我国台湾。

在阿拉善盟为旅鸟、夏候鸟。迁徙季节见于贺兰山外缘，数量不多。

世界自然保护联盟（IUCN）评估等级：易危（VU）。

雄，繁殖羽，摄于阿拉善左旗巴彦浩特镇敖包沟公园，王志芳

雄，非繁殖羽，摄于贺兰山塔尔岭水库，王志芳

19. 青头潜鸭
（qīng tóu qián yā）

学　名：*Aythya baeri*
英文名：Baer's Pochard

　　中小型游禽，体长42～47厘米，雌雄异色。雄鸟虹膜白色，嘴灰黑色，头部墨绿色而具金属光泽；上背深褐色，颈基部至下胸栗红色，和头部颜色对比明显；腹部白色延伸至胁部，与栗褐色相间而形成杂乱渲染的条状斑块，尾下覆羽呈白色三角状，翼镜白色；脚铅灰色。雌鸟虹膜褐色，嘴灰黑色、基部具一栗色斑，头部黑褐色，上背深褐色，胸部深棕色，胁部褐白相间，翼镜和尾下覆羽白色。

　　栖息于河流、水库、湖泊、池塘、沼泽等水域，常与其他潜鸭混群。

　　国内繁殖于东北，迁徙时见于华中和华东，越冬于长江流域及以南水域，包括我国台湾。

　　在阿拉善盟为迷鸟。2019年3月于阿拉善左旗巴彦浩特镇红沟水库有1笔记录（1只雄鸟）。

　　国家保护等级：Ⅰ级。

　　世界自然保护联盟（IUCN）评估等级：极危（CR）。

摄于阿拉善左旗巴彦浩特镇红沟水库，林剑声

雄，摄于阿拉善左旗巴彦浩特镇红沟水库，王志芳

20. 白眼潜鸭
（bái yǎn qián yā）

学　名：*Aythya nyroca*
英文名：Ferruginous Pochard

　　小型游禽，体长 33 ～ 43 厘米，雌雄同色。雄鸟虹膜白色，通体棕褐色，头部、胸部亮棕色具金属光泽，背部黑褐色，下腹、翼镜及尾下覆羽白色。雌鸟虹膜褐色，下体棕色较浅，头部棕色，无光泽。嘴灰黑色；脚黑褐色。

　　栖息于开阔而水生植物丰富的淡水湖泊、沼泽和水塘等水域，能潜水但持续时间不长，多集大群，常与其他潜鸭混群。

　　国内繁殖于西北部和西部，越冬于南方大部分地区，包括我国台湾。

　　在阿拉善盟为夏候鸟。迁徙季节及夏季见于贺兰山外缘的水域，数量不多。

　　世界自然保护联盟（IUCN）评估等级：近危（NT）。

雄，摄于阿拉善左旗巴彦浩特镇生态公园，王志芳

雌，摄于阿拉善左旗巴彦浩特镇生态公园，林剑声

21. 凤头潜鸭
（ fèng tóu qián yā ）

学　名：*Aythya fuligula*
英文名：Tufted Duck

　　中小型游禽，体长 34～49 厘米，雌雄异色。雄鸟上体黑色，头黑色而泛紫色光泽，具长羽冠，翼镜、两胁及下腹白色。雌鸟通体暗褐色，头色略深但无光泽，具羽冠但较雄鸟为短，下腹色浅，两胁有时略带白色，有些个体喙基具小白斑。嘴灰色；脚灰色。

　　栖息于富有水生植物的深水湖泊、沼泽和水塘等水域，潜水能力强，多集大群，常与其他潜鸭混群。

　　国内繁殖于东北北部，迁徙时经过长江以北地区，越冬至长江以南流域，包括我国台湾和海南。

　　在阿拉善盟为旅鸟。迁徙季节见于贺兰山外缘各种水域，数量少。

　　世界自然保护联盟（IUCN）评估等级：无危（LC）。

摄于贺兰山方家田水库，王志芳

22. 斑背潜鸭
（bān bèi qián yā）

学　名：*Aythya marila*
英文名：Greater Scaup

　　中小型游禽，体长 42～51 厘米，雌雄相似。较凤头潜鸭体型更为粗壮。雄鸟嘴灰蓝色、嘴尖黑，繁殖羽头、颈黑绿，具金属光泽，背部灰白色并具波浪状黑褐色细纹，形成"斑背"；胸、臀及尾羽黑色，翼镜、两胁及下腹白色。雌鸟头、颈及胸深褐色，嘴基有宽白环斑；背暗褐色，两胁褐色较浅具暗色细波纹，下腹污白色，臀及尾羽暗褐色；非繁殖羽耳后有月牙形淡斑。雄鸟非繁殖羽似雌鸟，但头、颈色泽较深，背常残留部分繁殖羽色。雄性亚成鸟头、颈色泽较雄性成鸟浅，嘴基有白色杂斑。飞行时有明显白色翼带，翼下较凤头潜鸭略灰。

　　常在富有植物生长的淡水湖泊、河流、水塘和沼泽地带活动。主要捕食甲壳类、软体动物、水生昆虫、小型鱼类等水生动物。也吃水藻、水生植物叶、茎、种子等。常与凤头潜鸭或白眼潜鸭混群。

　　国内越冬于长江以南地区，包括我国台湾。

　　在阿拉善盟为迷鸟。2019 年 10 月于阿拉善左旗巴彦浩特镇红沟水库有 1 笔记录（2 只）。

　　世界自然保护联盟（IUCN）评估等级：无危（LC）。

雄，摄于阿拉善左旗巴彦浩特镇红沟水库，王志芳

雌，摄于阿拉善左旗巴彦浩特镇红沟水库，王志芳

23. 鹊鸭
（què yā）

学　名：*Bucephala clangula*
英文名：Common Goldeneye

　　中小型游禽，体长 40 ～ 48 厘米，雌雄异色，头大而高耸，眼金色。雄鸟头部墨绿色具金属光泽，嘴近黑、基部具大的白色圆形点斑；上背黑色，翼具大块白斑，下颈、胸腹白色。雌鸟嘴黑褐，头暗褐色，上背、胸和两胁灰褐色，颈下部白色形成环状。脚橘红色。

　　多栖息于湖泊、水库、海湾以及流速缓慢的河流水域，潜水觅食。

　　在国内繁殖于新疆及东北北部，越冬于包括西南在内的黄河、长江、珠江流域以及东北至东南部沿海水域。

　　在阿拉善盟为旅鸟。迁徙季节见于贺兰山外缘水域，数量少。

　　世界自然保护联盟（IUCN）评估等级：无危（LC）。

雄，摄于阿拉善左旗巴彦浩特镇生态公园，王志芳　　　　雄，摄于阿拉善左旗巴彦浩特镇生态公园，王志芳

雌，摄于阿拉善左旗巴彦浩特镇巴彦霍德水库，王志芳

24. 斑头秋沙鸭
（bān tóu qiū shā yā）

学　名：*Mergellus albellus*
英文名：Smew

中小型游禽，体长 38～44 厘米，雌雄异色。雄鸟嘴近黑色、尖端钩状，体羽白色，但眼罩、枕纹、上背、初级飞羽及胸侧的狭窄条纹为黑色，体侧具灰色蠕虫状细纹。雌鸟嘴黑褐色，头顶至颈部栗褐色，眼周近黑色，喉部至前颈白色，上体深灰色，下体白色。脚灰黑色。

繁殖于树洞或沼泽水域，结小群越冬于开阔水域，潜水觅食，但潜水距离和时间都较其他秋沙鸭短，是体型最小、嘴最短的秋沙鸭。

国内分布广泛，繁殖于东北，冬季南迁，于我国台湾为罕见冬候鸟。

在阿拉善盟为旅鸟。迁徙季节少见于贺兰山外缘水域。在阿拉善左旗长流水记录到 1 只雄鸟，巴彦浩特镇奇石博物馆后的水塘记录到 2 只雌鸟。

国家保护等级：Ⅱ级。

世界自然保护联盟（IUCN）评估等级：无危（LC）。

雄，摄于宁夏永宁，朱东宁

摄于阿拉善左旗巴彦木仁苏木，王志芳

25. 普通秋沙鸭
（pǔ tōng qiū shā yā）

学　名：*Mergus merganser*
英文名：Common Merganser

　　中型游禽，体长 58～68 厘米，雌雄异色，嘴基厚，尖端呈钩状，嘴狭长且直，暗红色；脚为红色。雄鸟头部及上颈墨绿色而具光泽，上背黑色，翼上具大块白斑，体侧纯白色。雌鸟头及上颈棕色，上体灰色，下腹白色，两胁有不明显的灰色鳞状斑，颏部和喉部白色，翼镜白色。

　　栖息水域多样，包括河流、湖泊、河口、水库、海湾和潮间带，冬季多结大群活动，起飞时需在水面助跑，潜水长达半分钟之久，是体型最大且分布最广的嗜鱼性秋沙鸭。

　　在国内繁殖于新疆、内蒙古西部、东北和青藏高原地区，迁徙和越冬时见于国内大部地区，偶至我国台湾。

　　在阿拉善盟为旅鸟。偶见于贺兰山外缘水域。

　　世界自然保护联盟（IUCN）评估等级：无危（LC）。

摄于贺兰山水磨沟，王志芳

鸡形目

雉 科

26. 石鸡
（ shí jī ）

学　名：*Alectoris chukar*
英文名：Chukar Partridge

　　中型陆禽，体长 27 ～ 37 厘米，雌雄同色。成鸟虹膜栗褐色，眼周裸区粉红色，嘴粉红色；额基穿过眼至颈侧，而后向下前颈基部有一黑色圈，眉纹、眼先、颊、颏及喉棕白色，下颌基部两端具黑点斑，耳羽具棕黄色簇饰羽；头顶至后颈灰褐色，上背及两肩葡萄红褐色，下背至尾羽橄榄灰色，外侧尾羽端部栗棕色；两翼灰色略带红褐色；胸部灰色略带粉色，腹部棕黄色，两胁灰白色具有 10 条黑色夹杂栗色的斑纹；尾下覆羽棕黄色。脚粉红色。

　　常栖于低山阳坡、丘陵坡地。成对或集群活动于开阔山区、草原或荒漠原野，觅食昆虫和植物的茎、叶、果实、种子。

　　在国内见于新疆、青海、西藏、甘肃、宁夏、陕西、山西、河南、河北及东北等地。

　　在阿拉善盟为常见留鸟。常见于贺兰山内部及外缘。

　　世界自然保护联盟（IUCN）评估等级：无危（LC）。

摄于贺兰山哈拉乌沟，王志芳

幼，摄于贺兰山哈拉乌沟，王志芳

27. 蓝马鸡

（lán mǎ jī）

学　名：*Crossoptilon auritum*

英文名：Blue Eared Pheasant

　　大型陆禽，体长 75～100 厘米，雌雄同色，雌性体型略小。成鸟整体蓝灰色；头顶深褐色，嘴粉红色，眼周具鲜红色裸皮，耳羽簇白色、长而硬并向下延伸至下颏；中央两对尾羽翘起，蓝灰色，外侧尾羽基部有明显白色斑块，端部为金属蓝紫色。脚红色。

　　栖息于海拔 2000 米以上的针叶林、阔叶林和针阔混交林中，秋后向下迁移到有水的山间谷地或开阔的灌丛草原。平时结集成群，繁殖季节分散配对，常隐藏在树枝间或草丛间活动。

　　中国特有种。分布于四川北部、青海东部和东北部、甘肃南部和西北部及宁夏和内蒙古交界的贺兰山。

　　在阿拉善盟为留鸟。仅分布于贺兰山。

　　国家保护等级：Ⅱ级。

　　世界自然保护联盟（IUCN）评估等级：无危（LC）。

摄于贺兰山哈拉乌沟，王志芳

28. 雉鸡
（zhì jī）

学　名：*Phasianus colchicus*
英文名：Common Pheasant

　　大型陆禽，体长 58～90 厘米，雌雄异色；中国最常见的雉类，亚种多达 19 种，羽色变异很大。雄鸟头部具金属绿色光泽，眼周具艳红色裸皮，嘴黄白色，颈部多金属绿色。有些亚种颈部有白色颈圈。阿拉善盟常见亚种雄鸟脸部及肉垂鲜红，头具金属光泽的蓝绿色，头顶两侧具蓝色羽冠；白色颈环在前颈中断，形成缺口；尾羽棕黄色具深褐色横斑。不常见亚种无白色颈环，胸、腹及两胁多紫红色，具深栗色点斑；背部紫红色具灰白色点斑。雌鸟稍小，体色暗淡，周身土褐色而密布具有深色的斑纹。脚灰色。

　　生境类型十分多样，山林、灌丛、农田地、半荒漠、沙漠绿洲均有其活动。隐蔽性很强，通常人走到近前才突然惊飞，并伴有急速的惊叫声。

　　在中国几乎遍及除西藏羌塘高原地区和海南岛之外的全国各地。

　　在阿拉善盟为常见留鸟。常见于贺兰山内及外缘。

　　世界自然保护联盟（IUCN）评估等级：无危（LC）。

雄，摄于阿拉善左旗巴彦浩特镇生态公园，王志芳

雌，摄于阿拉善左旗巴彦浩特镇丁香园，
王志芳

䴙䴘目

鸊鷉科

29. 小鸊鷉
(xiǎo pì tī)

学　名：*Tachybaptus ruficollis*
英文名：Little Grebe

　　小型游禽，体长 23～29 厘米，体形最小的鸊鷉，雌雄同色。繁殖羽头顶及颈背深灰褐色，脸部至颈部栗红色，嘴黑色、基部有一明显的黄白色斑块；胸、背部褐色，胁部至腹部褐色逐渐变浅。非繁殖羽色浅，褪去栗红色和黑褐色，整体转为浅褐色，头部和背部略深，其余部位浅褐色或皮黄色。脚蓝灰色。

　　喜在清水及有丰富水生生物的湖泊、沼泽及涨过水的稻田。通常单独或成分散小群活动。繁殖期在水上相互追逐并发出叫声。

　　国内广布，多为留鸟，北方部分地区为夏候鸟。

　　在阿拉善盟为夏候鸟。常见于贺兰山外缘各水域。

　　世界自然保护联盟（IUCN）评估等级：无危（LC）。

繁殖羽，摄于阿拉善左旗巴彦浩特镇生态公园，王志芳

非繁殖羽，摄于阿拉善左旗巴彦浩特镇丁香园，王志芳

30. 凤头鹏鹏

（fèng tóu pì tī）

学　名：*Podiceps cristatus*
英文名：Great Crested Grebe

中型游禽，体长 46 ～ 51 厘米，雌雄同色。头部具显著的深色羽冠，嘴粉红色，繁殖期略暗淡，脸、眼先及颏白色，脸侧至上颈具栗红色至黑褐色羽冠；背部黑褐色，体侧棕褐色；前颈至胸及腹部白色。非繁殖羽色浅，整体显得较白，脸部变为白色或皮黄色，黑褐色的羽冠依然可见，胁部易发白。脚近黑。

善于潜水，多单独活动；繁殖期成对作精湛的求偶炫耀；捕食鱼类、昆虫及水中无脊椎动物。

国内广泛分布于各地，于黄河以南大部地区越冬。

在阿拉善盟为夏候鸟。夏季常见于贺兰山外缘各种水域。

世界自然保护联盟（IUCN）评估等级：无危（LC）。

成鸟、幼鸟，摄于阿拉善左旗巴彦浩特镇红沟水库，王志芳

31. 黑颈䴙䴘
(hēi jǐng pì tī)

学　名：*Podiceps nigricollis*
英文名：Black-necked Grebe

小型游禽，体长 28～34 厘米，雌雄同色。繁殖期头、颈及背黑，眼后有一簇金黄色饰羽。腹侧红褐色，腹白色。飞行时背及翼黑褐色，次级飞羽白色。非繁殖羽羽色转淡，眼后无饰羽，头、后颈至背黑褐色。前颈灰色、颊和喉污白色，脸部黑白分界不明确，黑色部分延伸至眼下。

虹膜为红色；嘴为黑色，微上翘；脚为灰黑色。

多单独活动，偶成对生活。善潜水，时间可达 30 秒之久。捕食小型鱼虾、青蛙、昆虫及水生无脊椎动物。

在国内繁殖于新疆西北部、内蒙古及东北，过境经过东部大部分地区，越冬于长江中下游地区及东南沿海。

在阿拉善盟为夏候鸟。见于阿拉善左旗巴彦浩特镇水域，数量较少。

国家保护等级：Ⅱ 级。

非繁殖羽，摄于鄂尔多斯，尚育国

繁殖羽，摄于阿拉善左旗巴彦浩特镇柳子沟水库，王志芳

鹤形目

鹳　科

32. 黑鹳
（ hēi guàn ）

学　名：*Ciconia nigra*
英文名：Black Stork

大型涉禽，体长 90 ～ 105 厘米，雌雄同色。成鸟除腹及尾下覆羽白色外，通体大致为黑色，具紫绿色光泽。眼周有红色裸皮，嘴及腿红色，飞行时黑色的两翼与白色的下体形成鲜明对比。幼鸟为黯淡无光泽的黑褐色。

栖于沼泽地区、池塘、湖泊、河流沿岸及河口。性惧人。

在我国繁殖于北方，越冬至长江以南地区及台湾地区。

在阿拉善盟为夏候鸟。见于贺兰山山麓水域。

国家保护等级：Ⅰ级。

世界自然保护联盟（IUCN）评估等级：无危（LC）。

幼，摄于贺兰山方家田水库，王志芳

摄于贺兰山古拉本，王志芳

鹅形目

鹮 科

33. 白琵鹭
（bái pí lù）

学 名：*Platalea leucorodia*
英文名：Eurasian Spoonbill

大型涉禽，体长 70～95 厘米，雌雄同色。突出特征为黑色的嘴直、长，前端扁平呈琵琶形，且上嘴具褶皱，纹路随年龄而增加；成鸟繁殖期全身白色，眼至嘴基有黑色线连接，头后有黄色穗状羽冠，喉下裸皮呈黄色，胸略带黄色。幼鸟嘴为粉褐色，上嘴平滑无褶皱，飞行时可见初级飞羽末端黑色。脚近黑。

喜泥泞水塘、湖泊或泥滩，在水中缓慢前进，嘴在水中来回横扫以觅食水生昆虫、鱼类及其他无脊椎水生动物。一般单独或成小群活动。

在国内繁殖于东北、内蒙古及新疆西北部地区，越冬于长江流域及以南地区，包括我国台湾和海南。

在阿拉善盟为夏候鸟，旅鸟。迁徙季节见于贺兰山外缘，数量少。

国家保护等级：Ⅱ级。

世界自然保护联盟（IUCN）评估等级：无危（LC）。

摄于阿拉善左旗巴彦浩特镇南田湿地，王志芳

摄于贺兰山哈拉乌沟，王志芳

鹭科

34. 大麻鳽
（dà má jiān）

学　名: *Botaurus stellaris*
英文名: Great Bittern

　　大型涉禽，体长 60～77 厘米，雌雄同色。体型粗壮，以黄褐色为主，头顶黑褐色，具显著的黑色颊纹；颈部褐色，具零散而细小的黑色横斑；喉和胸部偏白色，身上体亦密布黑色的纵纹和斑，其中背部纵纹较粗。嘴黄褐色；脚绿黄色。

　　性隐蔽，喜高芦苇。多活动于近水的芦苇丛及高草丛中，受惊时有时嘴垂直上指，凝神不动。与周围芦苇颜色极似，难辨认，通常直至人走近时才起飞。

　　国内繁殖于东北、内蒙古、新疆和华北地区，在西南和华南各省（区、市）越冬。

　　在阿拉善盟为夏候鸟。少见于贺兰山外缘水域边芦苇丛。

　　世界自然保护联盟（IUCN）评估等级：无危（LC）。

摄于阿拉善左旗巴彦浩特镇南田湿地，王志芳

摄于阿拉善左旗巴彦浩特镇生态公园，王志芳

35. 黄苇鳽
（huáng wěi jiān）

学　名：*Ixobrychus sinensis*
英文名：Yellow Bittern

　　小型涉禽，体长30～38厘米，小型鹭科鸟类，雌雄相似。雄鸟头顶黑色，颈部黄褐色，上体淡黄褐色，尾羽黑色，飞羽和初级覆羽黑色，其余翼上覆羽与背部同为黄褐色；下体淡黄白色，前颈至胸部具模糊的褐色纵纹。雌鸟与雄鸟相似，但头顶为灰黑色，具浅色纵纹，背部具模糊的暗褐色纵纹，且颈部至胸部的纵纹较雄鸟清晰。幼鸟似雌鸟，但顶冠为黄褐色，且上体、两翼（翼上覆羽）及下体均缀有清晰的暗褐色纵纹。嘴峰黑色，其余部分为黄色。脚黄绿色。

　　一般隐匿于湿地及其附近的芦苇丛、草丛、荷塘及水田中。主要以水生小鱼、虾、蛙、水生昆虫等动物性食物为食。

　　在国内除西部地区外广泛分布，为常见候鸟。

　　在阿拉善盟为夏候鸟。不常见于贺兰山外缘水域边芦苇丛。

　　世界自然保护联盟（IUCN）评估等级：无危（LC）。

雌，摄于阿拉善左旗巴彦浩特镇生态公园，王志芳　　雄，摄于阿拉善左旗巴彦浩特镇生态公园，林剑声

幼，摄于阿拉善左旗巴彦浩特镇生态公园，王志芳

36. 夜鹭
（yè lù）

学　名：*Nycticorax nycticorax*
英文名：Black-crowned Night Heron

中型涉禽，体长48～59厘米，雌雄同色。成鸟虹膜鲜红，嘴黑色，白色短眉纹在额前相连，头后有2～3枚白色较长的带状羽，头顶、上背及肩等处蓝黑色，有金属光泽，翼覆羽淡灰色，下体均灰白色；脚污黄色。幼鸟虹膜橙色，上体及两翼褐色，具白色斑点，颈部至胸部具褐色纵纹，下体余部白色。

常见于各种湿地，不太怕人。白天群栖树上休息，多于黄昏及夜间活动，喜结群。主要以昆虫及其他小型动物为食。

在全国各省（区、市）皆有分布。于长江以北地区为夏候鸟，长江以南为冬候鸟或留鸟。

在阿拉善盟为夏候鸟。见于贺兰山外缘水域。

世界自然保护联盟（IUCN）评估等级：无危（LC）。

成鸟，摄于阿拉善左旗巴彦浩特镇南田湿地，王志芳

幼鸟，摄于阿拉善左旗巴彦浩特镇生态公园，王志芳

摄于阿拉善左旗巴彦浩特镇生态公园，王志芳

37. 池鹭
(chí lù)

学　名：*Ardeola bacchus*
英文名：Chinese Pond-Heron

中型涉禽，体长 38～50 厘米，雌雄同色。虹膜黄色，嘴基黄色，端部黑色。成鸟繁殖羽头、颈深栗色，胸紫酱色，背部蓝灰色，两翼、尾羽及下体为白色，头后具延长的冠羽，颈基部和背部均具较长的蓑羽，背部蓑羽不超过尾端。非繁殖羽头部、颈部为淡黄白色，具深色纵纹，背部褐色，头后冠羽较短，后背无蓑羽。腿及脚黄色。幼鸟似成鸟非繁殖羽。

常单独或成分散小群活动于河流、湖泊、沼泽、水田等淡水湿地，不太怕人。飞行时振翼缓慢，翼显短。主要以小型脊椎动物和昆虫为食。

在国内广泛分布，甚常见，于长江以北多为夏候鸟，长江以南多为冬候鸟或留鸟。

在阿拉善盟为夏候鸟。夏季见于贺兰山外缘水域附近，数量少。

世界自然保护联盟（IUCN）评估等级：无危（LC）。

幼，摄于阿拉善左旗巴彦浩特镇中水水库，王志芳

摄于阿拉善左旗巴彦浩特镇南田湿地，王志芳

38. 草鹭
（cǎo lù）

学　名：*Ardea purpurea*
英文名：Purple Heron

　　大型涉禽，体长 80～110 厘米，雌雄同色。成鸟体色以栗色为主，前额、头顶至枕部黑色，枕部具两道黑色辫状饰羽，脸颊部具一条黑色条纹与枕部黑色相连，颈两侧各具一条黑色纵纹，颈基部有灰色饰羽，下体大致呈灰黑色。幼鸟整体羽色较淡，头、颈无黑色部分，上、下体以褐色为主，无饰羽，两翼呈灰褐色。

　　虹膜为黄色，嘴为橙色，脚为红褐色。

　　喜稻田、芦苇地、湖泊及溪流。性孤僻，常单独在有芦苇的浅水中，低歪着头伺机捕鱼及其他食物。飞行时振翅显缓慢而沉重。

　　国内见于东部及南部地区，为区域性常见候鸟，繁殖于东北、华北，越冬于华南至西南地区。

　　在阿拉善盟为夏候鸟。见于阿拉善左旗各水域。

　　世界自然保护联盟（IUCN）评估等级：无危（LC）。

幼，摄于阿拉善左旗巴彦浩特镇生态公园，王志芳

摄于阿拉善左旗通古淖尔湖，李建平

39. 牛背鹭
(niú bèi lù)

学　名：*Bubulcus coromandus*
英文名：Eastern Cattle Egret

中型涉禽，体长 47 ～ 55 厘米，雌雄同色。繁殖期嘴橙色至橙黄色，虹膜黄色，眼先绿色；通体白色，头、颈、胸为橙黄色，头后无辫状饰羽，背部具橙黄色丝状饰羽。非繁殖期嘴黄色，虹膜、眼先黄色；全身白色，仅部分鸟额部沾橙黄色，无饰羽。幼鸟似成鸟非繁殖羽，但嘴为黑色而非橙黄色或黄色。与其他鹭的区别在体型较粗壮，颈较短而头圆，嘴较短厚。脚黑色。

主要生境包括但不限于沿海及内陆各种湿地，亦见于农田、草地和开阔荒野。因常常跟随牛活动，甚至站立于牛背上而得名。喜跟随牛、马等牲畜，啄食惊飞起来的昆虫以及牲畜身上的蜱、螨等寄生虫。

在国内除东北和西部外广泛分布，于秦岭以北为不常见夏候鸟，秦岭以南则为常见冬候鸟和留鸟。

在阿拉善盟为夏候鸟。夏季少见于贺兰山外缘水域附近的草地及芦苇丛。

世界自然保护联盟（IUCN）评估等级：无危（LC）。

摄于阿拉善左旗巴彦浩特镇敖包沟公园，
王志芳

非繁殖羽，摄于阿拉善左旗巴彦木仁苏木，
林剑声

繁殖羽，雄，摄于阿拉善左旗巴彦浩特镇敖包沟公园，
王志芳

40. 苍鹭
（cāng lù）

学　名：*Ardea cinerea*
英文名：Grey Heron

　　大型涉禽，体长80～110厘米，雌雄同色。全身青灰色。成鸟头侧至枕部为黑色，且枕部饰羽较长若辫子；头、脸、喉、颈均为灰白色，前颈具2～3道黑色纵纹；两翼飞羽和初级覆羽黑色。繁殖期嘴、脚成桃红色。幼鸟似成鸟，但羽色黯淡，头顶几乎全部为黑灰色，枕部饰羽较短，嘴峰灰色、下嘴黄褐色；脚灰褐色。

　　常活动于沼泽、田边、坝塘、海岸等类型的湿地浅水区，多结小群一起生活，常在浅水中长时间停立不动，眼盯着水面，发现食物后迅速捕食。食物以蛙、鱼类为主。

　　中国各省均有分布，为常见留鸟或候鸟。

　　在阿拉善盟为夏候鸟。常见于贺兰山外缘各水域。

　　世界自然保护联盟（IUCN）评估等级：无危（LC）。

摄于阿拉善左旗巴彦浩特镇南田湿地，
王志芳

幼，摄于阿拉善左旗巴彦浩特镇红沟水库，
王志芳

繁殖羽，摄于阿拉善左旗太阳湖，王志芳

41. 大白鹭

（ dà bái lù ）

学　名：*Ardea alba*
英文名：Great Egret

　　大型涉禽，体长 90～100 厘米，雌雄同色，通体雪白。成鸟繁殖期眼先绿色，嘴变黑色，背部具延长的下垂丝状饰羽，前颈基本具较短蓑羽。非繁殖期眼先黄色，嘴黄色，换羽个体嘴端常为黑色，容易与中白鹭混淆。

　　典型的鹭类习性。一般单独或成小群，在湿润或漫水的地带活动。站姿甚高直，飞行优雅，振翅缓慢有力。主要以鱼、虾等水生动物为食。

　　国内甚常见于各地。繁殖于长江以北大部分地区，越冬于华南南部和西南。

　　在阿拉善盟为夏候鸟。常见于贺兰山外缘各水域。

　　世界自然保护联盟（IUCN）评估等级：无危（LC）。

非繁殖羽，摄于阿拉善左旗巴彦浩特镇生态公园，王志芳

繁殖羽，摄于阿拉善左旗巴彦浩特镇生态公园，王志芳

42. 中白鹭

（zhōng bái lù）

学　名：*Ardea intermedia*

英文名：Intermediate Egret

　　大型涉禽，体长 62 ～ 70 厘米，是中型涉禽，体型大小介于大白鹭和小白鹭之间，嘴相对短，颈呈"S"形。全身白色，眼先黄色，脚和趾黑色。繁殖期背和前颈下部有长的披针形饰羽，嘴黑色；非繁殖期背和前颈无饰羽，嘴黄色，先端黑色。口裂止于眼下，可与大白鹭区别。

　　栖息和活动于河流、湖泊、河口、海边和水塘岸边浅水处及河滩上，也常在沼泽和水稻田中活动。常单独或成对或成小群活动，有时亦与其他鹭混群。

　　主要以鱼、虾、蛙、蝗虫、蝼蛄等水生和陆生昆虫及昆虫幼虫，以及其他小型无脊椎动物为食。

　　在阿拉善盟为迷鸟，遇见于贺兰山外缘水域。

　　世界自然保护联盟（IUCN）评估等级：低危（LC）。

摄于巴彦浩特镇红沟水库，朱东宁

43. 白鹭
(bái lù)

学　名: *Egretta garzetta*
英文名: Little Egret

　　中型涉禽，体长 54 ～ 68 厘米，雌雄同色，通体白色，体态纤瘦。繁殖期眼先淡绿色，颈背具细长饰羽，背具蓑状羽，长度超出尾端，前颈基本具丝状饰羽，下垂至胸部。非繁殖期眼先为黄色或黄绿色，无饰羽，体型显著小于同为白色的大白鹭。腿黑色。

　　虹膜为黄色；嘴为黑色；脚为黑色，趾黄色。

　　喜稻田、河岸、沙滩、泥滩及沿海小溪流。常与其他种类混群。

　　国内常见于华北、华中及其以南地区，于长江以北地区多为夏候鸟，长江以南地区为冬候鸟或留鸟。

　　在阿拉善盟为夏候鸟。见于阿拉善盟全盟范围。

　　世界自然保护联盟（IUCN）评估等级：无危（LC）。

繁殖羽，摄于阿拉善左旗巴彦浩特镇生态公园，林剑声

非繁殖羽，摄于阿拉善左旗巴彦浩特镇红沟水库，王志芳

鲣鸟目

鸬鹚科

44. 普通鸬鹚
(pǔ tōng lú cí)

学　名：*Phalacrocorax carbo*
英文名：Great Cormorant

　　大中型游禽，体长 72 ～ 87 厘米，雌雄同色。繁殖期成鸟全身黑色具金属光泽，头、颈部和冠羽青绿色，具显著白色丝状羽；嘴黑色、下嘴基裸露皮肤黄色；胸腹部青绿色，背部、两翼铜褐色具暗褐色羽缘，胁部具白色斑块；尾羽青色较短，为圆形。非繁殖期头部、颈部无白色丝状羽及头饰以白色丝状羽，两胁无白色斑块。幼鸟深褐色，下体污白色。

　　繁殖于湖泊中砾石小岛或沿海岛屿。常栖息于河流、湖泊、池塘、水库、河口等地带。常成群活动，善于游泳和潜水。鸬鹚主要食物是鱼类，它又称"鱼鹰"。

　　在国内广泛分布，多为北方地区夏候鸟，南方地区冬候鸟或留鸟。

　　在阿拉善盟为夏候鸟。见于贺兰山外缘有鱼类的水域。

　　世界自然保护联盟（IUCN）评估等级：无危（LC）。

非繁殖羽，摄于阿拉善左旗巴彦浩特镇红沟水库，王志芳

鹰形目

鹗 科

45. 鹗
（è）

学　名：*Pandion haliaetus*
英文名：Western Osprey

　　中型猛禽，体长 50～65 厘米，雌雄同色。雄鸟头白色，头顶具黑褐色细纵纹，过眼纹黑褐色、延伸至后颈；背、翼及尾羽暗褐色；下体白，胸有褐色纵纹，形似胸带；尾羽有多条褐白相间横带；飞行时两翼甚狭长，尾短，指叉五枚常后弓折曲，末端下垂似"M"形。雌鸟似雄鸟，胸带较宽而明显，翼下覆羽较多暗色斑纹。幼鸟似雌鸟，但背具明显淡色羽缘，翼下覆羽较多黄褐色及暗色斑纹。虹膜黄色，嘴黑色，脚灰色。

　　栖息于江河和湖泊等水域周围，常单独站立在突出物上。以鱼、蛙等小型脊椎动物为食，常从水上悬枝深扎入水捕食猎物，或在水上缓慢盘旋或振羽停在空中然后扎入水中。

　　国内见于各省（区、市），在北方繁殖，南方越冬。

　　在阿拉善盟为旅鸟。见于贺兰山外缘有鱼的水库、涝坝、水塘等周围。

　　国家保护等级：Ⅱ级。

　　世界自然保护联盟（IUCN）评估等级：无危（LC）。

幼，摄于阿拉善左旗巴彦浩特镇南环路，
王志芳

雄，摄于阿拉善左旗巴彦浩特镇红沟水库，
王志芳

雌，摄于阿拉善左旗巴彦浩特镇柳树沟嘎查，林剑声

鹰 科

46. 胡兀鹫
（hú wù jiù）

学　名：*Gypaetus barbatus*
英文名：Lammergeier

　　大型猛禽，体长 94 ～ 125 厘米，雌雄同色。成鸟头顶、颈被羽，头灰白色，具有一道较宽的黑色羽毛经过眼先到颏部；枕、颈部淡橙色；上体黑褐色、有银色金属光泽；虹膜黄色，嘴铅灰色、尖端角质黄色，颏、喉至胸部橙黄色，颈侧具暗色领带于胸部中央断开；腹部至尾下覆羽浅黄色，腋羽长且黑白相间；尾羽暗褐色，较长，呈楔形。脚灰色、被羽。幼鸟整体暗褐色，头、颈部近黑色，下体棕色。

　　常栖息于高海拔裸岩地区。通常单独活动，一般不与其他猛禽混群；主要以大型动物尸体的腐肉、骨头为食。

　　国内见于西部及中部高原和山区，主要为留鸟，偶有个体游荡至华北地区。

　　在阿拉善盟为冬候鸟，见于贺兰山，数量不多。

　　国家保护等级：Ⅰ级。

　　世界自然保护联盟（IUCN）评估等级：近危（NT）。

幼，摄于贺兰山樊家营子，王志芳

摄于贺兰山樊家营子，王志芳

47. 高山兀鹫
（gāo shān wù jiù）

学　名：*Gyps himalayensis*
英文名：Himalayan Vulture

　　大型猛禽，体长 103～130 厘米，雌雄同色。两翼宽大，头部较小。成鸟头至颈部裸露，具丝状白色羽毛，头顶皮黄色，颈部深褐色具黄褐色绒羽；上体浅褐色为主，下体褐色具浅色纵纹；初级飞羽和尾羽黑色，翼下覆羽和尾下覆羽白色。幼鸟通体深褐色，上体及腹面羽缘浅褐色，形成淡色纵纹。飞行时，下体和翼下覆羽的白色与黑色飞羽形成明显对比。

　　常栖息于高海拔裸岩高山、草原等地带。主要以动物尸体为食。

　　国内见于青藏高原及周边山区，为留鸟，部分个体游荡至华北。

　　极少见于贺兰山，2016 年 6 月中旬在贺兰山樊家营子偶见 3 只。。

　　国家保护等级：Ⅱ级。

　　世界自然保护联盟（IUCN）评估等级：近危（NT）。

摄于贺兰山樊家营子，王志芳

摄于贺兰山樊家营子，王志芳

48. 秃鹫

（tū jiù）

学　名：*Aegypius monachus*

英文名：Cinereous Vulture

　　大型猛禽，体长 100 ～ 120 厘米，雌雄同色。成鸟通体暗褐色，眼圈粉红色，嘴灰黑色，蜡膜浅蓝色，脸、喉及前额黑褐色，头皮裸露具短绒毛；头后及颈具褐色松散簇状羽毛。未成年鸟似成鸟，嘴黑色，蜡膜粉红色，通体近黑色，随着年龄增长逐渐变淡。飞行时，两翼宽阔，尾短呈楔形；指叉 7 枚、甚长且微上翘。

　　常栖息于山区、丘陵、荒原、森林、村庄等地。主要以大型动物尸体为食。但也捕捉活猎物。

　　国内见于大部分地区，为留鸟或候鸟。

　　在阿拉善盟为冬候鸟，见于贺兰山及贺兰山外缘地带。

　　国家保护等级：Ⅰ级。

　　世界自然保护联盟（IUCN）评估等级：近危（NT）。

摄于贺兰山南寺，王志芳

摄于贺兰山南寺，王志芳

49. 靴隼雕

（xuē sǔn diāo）

学　名：*Hieraaetus pennatus*

英文名：Booted Eagle

中型猛禽，体长 45 ～ 54 厘米，雌雄同色。有深、浅两种色型。上体棕褐色具黑色和皮黄色杂斑，两翼及尾灰深褐色，飞行时深色的初级飞羽与皮黄色（浅色型）或棕色（深色型）的翼下覆羽成强烈对比；尾下色浅。

常在草原上空盘旋或滑翔。站立于电线杆、高树枝头。主要以小型兽类、鸟类、爬行动物等为食。

国内见于西北、东北、华北、西南等地区，为西北地区夏候鸟，东北、华北地区多为旅鸟，西南地区冬候鸟。

在阿拉善盟为夏候鸟。见于贺兰山外缘草原。

国家保护等级：Ⅱ级。

世界自然保护联盟（IUCN）评估等级：无危（LC）。

浅色型，摄于贺兰山水磨沟，王志芳

深色型，摄于贺兰山
水磨沟，王志芳

幼，摄于贺兰山水磨沟，王志芳

深色型，摄于阿拉善左旗巴彦浩特镇
城区，王志芳

50. 短趾雕

（duǎn zhǐ diāo）

学　名：*Circaetus gallicus*
英文名：Short-toed Snake Eagle

　　大型猛禽，体长 62～72 厘米，雌雄同色。成鸟头部具褐色纵纹；上体暗褐色，翼上褐色，初级飞羽黑褐色，内翈基部白色，次级飞羽褐色，内翈外缘白色；尾羽横贯 3 条褐色横带。颏、喉、胸部褐色、具黑褐色纤细羽干纹，下体余部白色具褐色斑纹，胫羽及尾下覆羽白色；翼下浅色具褐色斑纹。幼鸟较成鸟整体色浅；胸部、腹部白色少斑纹。飞行时翼较长，指叉 5 枚、端部色深；翼下覆羽及飞羽具鲜明的横纹极具特色；尾较短，具不明显 3 条横斑。

　　虹膜为橘红色，嘴为铅灰色，脚为蓝灰色。

　　在国内繁殖于新疆西北部，迁徙时经过内陆大部分地区。

　　在阿拉善盟为旅鸟和夏候鸟。见于贺兰山外缘地带及开阔草原。

　　常栖于森林边缘及低山丘陵或草原稀疏树木。主要以蛇类为食，亦捕食蜥蜴、蛙类。

　　国家保护等级：Ⅱ级。

　　世界自然保护联盟（IUCN）评估等级：无危（LC）。

摄于贺兰山水磨沟，王志芳

摄于贺兰山水磨沟，王志芳

51. 草原雕
（cǎo yuán diāo）

学　名：*Aquila nipalensis*
英文名：Steppe Eagle

大型猛禽，体长 70 ～ 82 厘米，雌雄同色。成鸟全身褐色；翼下飞羽色浅，具深褐色横纹；尾上覆羽白色，尾下覆羽棕褐色，尾羽棕褐色、具深色横斑，端部深褐色。幼鸟及亚成鸟颜色由淡褐色到褐色，翼下白斑面积随着年龄的增长而减少。幼鸟整体黄褐色；翼下具明显的白色横带；两翼和尾羽的羽缘白色；尾下覆羽皮黄色。

迁徙时有时结大群。栖息于平原、草原及荒漠草地上。常翱翔于天空，或者静立于电线、岩石和地面上。主要以小型哺乳动物和鸟类为食，亦食腐肉。

国内为西北部和东北部地区的夏候鸟，甚常见于北方的干旱平原。西南及华南包括海南为冬候鸟，其他各地多为旅鸟。

阿拉善盟为留鸟。见于贺兰山及外缘草原。

国家保护等级：Ⅰ级。

世界自然保护联盟（IUCN）评估等级：濒危（EN）。

成鸟，摄于贺兰山前进沟，王志芳

摄于贺兰山前进沟，王志芳

幼，摄于贺兰山跃进沟，王志芳

摄于阿拉善左旗巴彦浩特镇西城区，王志芳

52. 金雕
（jīn diāo）

学　名：*Aquila chrysaetos*
英文名：Golden Eagle

　　大而强壮的大型猛禽，体长 78～105 厘米，雌雄同色。成鸟全身呈深褐色，头顶至颈部金黄色；翼下覆羽棕色，翼下飞羽颜色较浅；尾下覆羽棕色，尾羽深褐色。亚成鸟枕部金色明显，翼下、尾下白斑面积随着年龄增大而减少。幼鸟整体黄褐色；翼下具明显白斑；尾羽基部有大面积白色，因而飞行时仰视观察很好确认，成长过程中白色区域逐渐减小，成熟后几乎不显。

　　栖于崎岖干旱平原、岩崖山区及开阔原野。以小型兽类、鸟类、爬行类等为食。

　　国内见于大部分地区，多为各地候鸟或旅鸟。

　　在阿拉善为留鸟，常见于贺兰山。

　　国家保护等级：Ⅰ级。

　　世界自然保护联盟（IUCN）评估等级：无危（LC）。

摄于贺兰山前进沟，王志芳

亚成鸟，摄于贺兰山哈拉乌沟，王志芳

幼，摄于贺兰山黄土梁子，王志芳

53. 赤腹鹰
（chì fù yīng）

学　名：*Accipiter soloensis*
英文名：Chinese Sparrowhawk

　　小型猛禽，体长 25 ～ 30 厘米，雌雄同色、略异。成鸟头及体背灰色；喉白，胸及腹部橙红色，深浅及范围大小随个体与年龄而不同，尾下覆羽白色。雄鸟略小于雌鸟，虹膜红褐色。雌鸟虹膜黄色。飞行时，后缘平直，初级飞羽端部黑色，尾羽有深色细横带。

　　常栖于森林及林缘开阔林区地带。主要以蛙类、蜥蜴等为食。

　　国内在长江流域及其以南地区为留鸟，少数个体繁殖可至华北，在我国台湾和海南为冬候鸟。

　　偶见鸟。见于贺兰山外缘。2020 年 5 月在巴彦浩特镇生态公园有 1 笔记录（1 只雌鸟）。

　　国家保护等级：Ⅱ级。

　　世界自然保护联盟（IUCN）评估等级：无危（LC）。

雌，摄于阿拉善左旗巴彦浩特镇生态公园，魏虹

54. 雀鹰
（què yīng）

学　名：*Accipiter nisus*
英文名：Eurasian Sparrowhawk

　　小型猛禽，体长 32～43 厘米，雌雄同色。雄鸟头及上体蓝灰色；虹膜橙红色；脸颊红褐色，具不明显白眉线或无；喉白，具不明显细纵纹；胸、腹白色，密布红褐色细横纹；尾下覆羽白色，尾羽灰色，有 4 条暗色细横带，尾羽外侧横带多且细。雌鸟体型比雄鸟大，头部棕褐色有明显白眉线，虹膜黄色；上体褐色；下体白，胸、腹部及腿上具清晰的褐色横斑；喉较多褐色细纵纹。幼鸟似雌鸟，有淡色羽缘，腹面横纹较粗、呈点状。

　　喜欢从栖处或飞行中"伏击"捕食，喜林缘或开阔林区。主要以小鸟、鼠类等为食。

　　国内见于各地。东北、西北为夏候鸟，西南为留鸟，东部为冬候鸟，其他地区迁徙时可见。

　　在阿拉善盟为留鸟。见于贺兰山及外缘范围。

　　国家保护等级：Ⅱ级。

　　世界自然保护联盟（IUCN）评估等级：无危（LC）。

雌，摄于阿拉善左旗巴彦浩特镇北环路，王志芳

雄，摄于贺兰山跃进沟，王志芳

雄亚成鸟，摄于贺兰山哈拉乌沟，王志芳

摄于贺兰山北寺，王志芳

55. 日本松雀鹰
（rì běn sōng què yīng）

学　名：*Accipiter gularis*
英文名：Japanese Sparrowhawk

　　小型猛禽，体长 23～30 厘米。雄性成鸟头和背铅灰色，虹膜红色，眼圈黄色，有不明显淡色眉突，喉白具不明显暗色细喉央线；腹面白、密布红褐色细横纹，与胫羽横纹粗细一致；尾下覆羽白色，尾羽灰色，有 3 条暗色细横带，尾羽外侧横带多且细。雌性成鸟体型较大，头及上体略带褐色，虹膜黄色，眼圈黄色，有不明显白色眉线，暗色喉央线较明显；腹面红色横纹明显。幼鸟整体褐色浓，羽缘色淡，虹膜黄绿色，白眉线较明显，胸腹具明显点状斑纹。飞行时，翼较狭长，后缘略圆凸，翼下覆羽密布细斑纹；尾末端中间内凹；盘旋时双翼水平，翼端略上扬。

　　虹膜：雄红色，雌鸟黄色，幼鸟黄绿色。嘴为铅灰色；脚为黄色，裸足。

　　国内繁殖于东北、华北地区，迁徙时经过华北、东北地区，多在长江中下游及以南地区（包括我国台湾和海南）越冬。

　　在阿拉善为迷鸟。2017 年 9 月在阿拉善左旗锡林高勒苏木有 1 笔记录（1 只幼鸟）。

　　国家保护等级：Ⅱ级。

　　世界自然保护联盟（IUCN）评估等级：无危（LC）。

摄于阿拉善左旗锡林高勒苏木，王志芳

56.苍鹰
（cāng yīng）

学　名：*Accipiter gentilis*
英文名：Northern Goshawk

中型猛禽，体长 47 ～ 59 厘米，雌雄异色。雄鸟头及上背灰褐色；脸灰黑色，白色的宽眉纹和深色贯眼纹对比强烈，虹膜红色，喉白具暗色细纵纹；胸、腹部白色，密布灰褐色横纹，与胫羽横纹粗细一致；翼下白色，具灰褐色横纹；尾下覆羽白色略蓬松；尾羽灰褐色，有 4 条暗色细横带。雌鸟体型明显大于雄鸟；头及体背灰褐色；脸常夹杂细白斑；腹面细纹较粗。幼鸟虹膜黄绿色，头及体背深褐色并具浅色羽缘；腹面皮黄并具深褐色粗纵纹。飞行时翼较宽长、后缘略圆凸，指叉 6 枚略突出；尾长、中央尾羽略突出，形成圆尾或楔形，在高空盘飞时常半张开尾羽。

常栖息于山地、丘陵、平原地带。性凶猛，主要以小型鸟类和小型兽类为食。

在国内繁殖于东北、西北和西南部分地区；越冬于南方和东部沿海地区。

在阿拉善盟为冬候鸟。见于贺兰山及外缘地带，数量极少。

国家保护等级：Ⅱ级。

世界自然保护联盟（IUCN）评估等级：无危（LC）。

幼，摄于贺兰山前进沟，王志芳

摄于贺兰山前进沟，杜卿

57. 凤头蜂鹰

（fèng tóu fēng yīng）

学　名：*Pernis ptilorhynchus*
英文名：Crested Honey Buzzard

中型猛禽，体长55～65厘米，翼较宽大，头部细小，眼先具短而硬的鳞片状羽的猛禽，体色多变，以腹面及翼下覆羽羽色大致分为淡色、深色及中间色三型。淡色型：雄鸟前额及脸鼠灰色，颈部环绕黑粗纵纹，形成不规则黑颈圈；头后至背深褐色；腹污白色具暗色细纵纹；尾羽有两条黑宽横带，中间夹一更宽的淡色横带，对比明显。雌鸟似雄鸟，但头前及脸淡色或褐色，有暗色眼后线，无黑颈圈；尾羽有数条暗色横带，仅尾端横带较粗，对比不明显。幼鸟似雌鸟，但虹膜淡褐色，尾羽横带极细，对比不明显。暗色型：全身大致为暗深褐色，其余似淡色型。中间色型：羽色介于淡色型与暗色型之间，腹面褐色，有些个体具淡色横斑。飞行时，头小、颈长，双翼水平，翼指通常为6枚；雄鸟翼后缘有明显黑边，尾羽横带较宽对比明显；雌鸟翼后缘黑边不明显，尾羽横带较窄且对比不明显。幼鸟翼尖黑色，翼后缘无黑边，尾羽横带极细且对比不明显。

虹膜：雄鸟暗色，雌鸟及幼鸟黄色。嘴为灰色；脚为黄色。

常栖息于山地森林及林缘地带。迁徙时从草原上飞过，在有高大杨树的地方短暂停留。主要以蜂类为食，也捕食其他昆虫和小型鸟类等。

在国内繁殖于东北，迁徙时见于大部分地区，在海南为冬候鸟，在西南部分地区及我国台湾有留鸟种群。

在阿拉善盟为旅鸟。迁徙季节集群从阿拉善盟全盟范围路过。

国家保护等级：Ⅱ级。

世界自然保护联盟（IUCN）评估等级：无危（LC）。

浅色型，雌，摄于贺兰草原，王志芳

浅色型，雄，摄于贺兰山哈拉乌沟，王志芳

浅色型，雌，摄于阿拉善左旗巴彦浩特镇，王志芳

深色型，雌，摄于贺兰山哈拉乌沟，王志芳

58. 白头鹞
(bái tóu yào)

中型猛禽，体长 43 ～ 55 厘米。雄鸟头部皮黄色；胸部、腹部棕色。雌鸟稍大，通体褐色，脸周围有细白斑纹形成的脸盘，眼周白色形成明显的白眼罩；翼上覆羽具淡色羽缘，翼下有 3 条明显黑色粗横带；尾羽有 4 ～ 5 条黑色横带，末端黑带粗而明显；腹面淡褐具暗褐色纵斑，下腹及尾下覆羽为心形斑；腰部白色十分突出。幼鸟似雌鸟，胸、腹部羽色较淡，下腹及尾下覆羽为纵斑。飞行时，翼及尾羽较长，指叉 5 枚，双翼上扬呈"V"形，腰部白色突出。

雄鸟上体褐色，头部棕灰色，有深色的条纹，翅膀中部银灰色，尖端黑色，下体红棕色，尾为灰色。雌鸟比雄鸟大，羽毛为深褐色，肩部淡黄色，头顶到枕部和喉部也是淡黄色。虹膜：雄鸟黄色，雌鸟及幼鸟淡褐色。嘴为灰色；脚为黄色。

喜开阔地，尤其是多草沼泽地带或芦苇地。

擦植被优雅滑翔低掠，有时停滞空中。飞行时显沉重，不如草原鹞轻盈。

偶见鸟，2020 年 9 月偶见于阿拉善左旗巴彦浩特镇敖包沟。在我国繁殖于古北界的西部和中部至中国西部；见于沙漠湖泊及草原湖泊周围。

国家保护等级：Ⅱ级。

世界自然保护联盟（IUCN）评估等级：无危（LC）。

幼，摄于阿拉善左旗巴彦浩特镇敖包沟公园，
王志芳

摄于阿拉善左旗巴彦浩特镇敖包沟公园，王志芳

59. 白腹鹞
(bái fù yào)

学　名: *Circus spilonotus*
英文名: Eastern Marsh Harrier

　　中型猛禽，体长 50 ～ 60 厘米，飞行时翼及尾羽窄长，翼尖黑且突出，指叉 5 枚，双翼上扬呈浅 "V" 形。体色多变，一般分为两个色型：大陆型（中国型）和日本型。大陆型雄鸟全身大致为黑白两色，分为灰头型和黑头型两个色型。灰头个体头脸灰黑，喉胸及后颈密布黑色细纵纹；背及覆羽黑褐色，具明显白色羽缘，翼端黑色；腹面及胫羽白色，尾上覆羽白色，尾羽银灰色。黑头个体头颈部黑色，上胸密布黑色纵纹，背、覆羽及翼端黑色较浓。雌鸟整体褐色，脸具细纹及不明显脸盘；头顶、后颈、腹面及胫羽密布褐色纵纹，显得很斑驳；尾上覆羽淡褐色，尾羽褐色有 6 ～ 7 条暗色横带。幼鸟似雌鸟，但虹膜褐色，全身褐色较雌鸟暗且浓，头、胸有不同程度的乳白色，且个体差异较大，随着年龄的增长逐渐消失；幼雄头、胸乳白色范围较小，尾上覆羽淡色。日本型雌雄相似。雄鸟似大陆型雄幼鸟，全身深褐色仅前胸淡褐、具暗褐色纵纹；飞羽有不明显横带，外侧初级飞羽翼下基部无横斑；尾上覆羽污白，具褐色横斑，尾羽褐色具 6 ～ 7 条暗色横带；雌鸟似雄鸟，全身体羽深褐色，斑纹甚少；飞羽及尾羽均无暗色横带。幼鸟似雌鸟，但虹膜褐色，头、胸有不同程度的乳白色，雌幼鸟乳白色范围明显大很多，随着年龄的增长逐渐消失。

　　虹膜：成鸟黄色，幼鸟暗褐色；嘴为铅灰色；脚为黄色，裸足。

　　喜开阔地，尤其是多草沼泽地带或芦苇地。常于沼泽湿地上空游弋，惊飞起一群群的水鸟。主要以湿地的鼠、鸟、蜥蜴和昆虫为食。

　　国内繁殖于东北、华北地区；越冬于南方。

　　在阿拉善盟为夏候鸟。常见于全盟范围。

　　国家保护等级：Ⅱ级。

　　世界自然保护联盟（IUCN）评估等级：无危（LC）。

摄于贺兰山塔尔岭水库，王志芳

摄于贺兰山塔尔岭水库，王志芳

60. 白尾鹞
（bái wěi yào）

学　名：*Circus cyaneus*
英文名：Hen Harrier

中型猛禽，体长 41 ～ 53 厘米，雌雄异色。雄鸟整体青灰色，下体偏白色，翅尖黑色。雌鸟稍大，通体褐色，脸周围有细白斑纹形成的脸盘，眼周白色形成明显的白眼罩；翼上覆羽具淡色羽缘，翼下有 3 条明显黑色粗横带。飞行时腰部白色突出。幼鸟似雌鸟，胸、腹部羽色较淡，下腹及尾下覆羽为纵斑。

喜开阔地，尤其是多草沼泽地带或芦苇地。擦植被优雅滑翔低掠，有时停滞空中。主要以小型脊椎动物为食。

在国内繁殖于东北、西北地区；越冬于长江流域及以南大部分地区。

在阿拉善盟为冬候鸟。见于贺兰山及外缘地带。

国家保护等级：Ⅱ级。

世界自然保护联盟（IUCN）评估等级：无危（LC）。

雌，摄于阿拉善左旗巴彦浩特镇柳树沟村，王志芳

雄，摄于阿拉善左旗巴彦木仁苏木，白小龙

雌，摄于阿拉善左旗乌素图镇，王志芳

61. 黑鸢
(hēi yuān)

学　名：*Milvus migrans*
英文名：Black Kite

中型猛禽，体长 58 ～ 66 厘米，雌雄同色。整体深褐色，成鸟眼及眼后黑褐色，状似黑眼罩；腹面褐色具不明显深色纵纹。幼鸟背及覆羽羽缘较白，形成白色点状斑；腹面白色纵纹明显。飞行时尾羽中部内凹呈鱼尾状。

常栖于城镇、村庄、山区林地、河流等地带。小群在开阔地出现，盘旋于空中寻找食物。主要以小型动物、鸟类、动物尸体为食。

在国内东北为夏候鸟，在除青藏高原腹地外的广大地区为留鸟。此鸟为中国最常见的猛禽。

在阿拉善盟为旅鸟。见于贺兰山及外缘地带。迁徙季节有近百只的大群迁徙路过。

国家保护等级：Ⅱ级。

世界自然保护联盟（IUCN）评估等级：无危（LC）。

幼，摄于贺兰山跃进沟，王志芳

幼，摄于贺兰山跃进沟，林剑声

摄于贺兰山跃进沟，王志芳

62. 大鵟
（dà kuáng）

学 名：*Buteo hemilasius*
英文名：Upland Buzzard

中型猛禽，体长56～71厘米，雌雄同色。体色变化较大，大致分为浅色型、中间型和深色型。飞行时初级飞羽基部有明显白色翅窗，与尾部白色形成"三白"，飞羽后缘与翅尖黑色，指叉5枚；胫羽在下腹形成"V"形纹；尾羽常张开呈扇形。淡色型成鸟整体较白，头、颈、喉以及前胸近白；腹侧及胫羽暗褐色；尾羽有多条暗色细横纹，尾端密集，往基部越稀疏且白色。幼鸟虹膜淡黄色，体背淡色羽缘较明显，翼下覆羽较白，边缘不黑。中间型全身棕褐色，暗色型全身黑褐色，其他地方似淡色型。脚黄色，多数被毛。

喜开阔无树生境，常站立于电线杆上或沙丘顶端歇息，伺机捕食，能捕捉野兔、鼠类及蜥蜴等。

在国内分布于北方大部分地区，为各地候鸟或留鸟。

在阿拉善盟为留鸟、夏候鸟见于贺兰山及外缘地带，春、秋季节多见，夏、冬季节少见。

国家保护等级：Ⅱ级。

世界自然保护联盟（IUCN）评估等级：无危（LC）。

深色型，摄于贺兰山跃进沟，
王志芳

浅色型，摄于贺兰山
跃进沟，王志芳

中间型，摄于贺兰山北寺
路口，王志芳

幼，摄于阿拉善左旗锡林高勒沙日布日都嘎查，王志芳

63. 普通鵟
（pǔ tōng kuáng）

学　名：*Buteo japonicus*
英文名：Eastern Buzzard

中型猛禽，体长 50～59 厘米，雌雄同色。本种体色变化较大，可分为浅色型、棕色型、深色型 3 种。一般以棕色型较为常见。飞行时黑色腕斑明显，飞羽后缘与翅尖黑色，指叉 5 枚，尾羽常张开呈扇形，很窄的次端横带。成鸟整体黄褐色，头淡褐具暗色纵纹，翼上无明显翅窗；胸部皮黄，少斑纹；腹面暗褐，常延伸至整个上腹；胫羽密布暗褐色横斑；尾羽褐色，尾下色浅，尾下覆羽皮黄色，几无斑纹。幼鸟似成鸟，虹膜黄色，上体具浅色羽缘，胸腹部具较明显褐色纵纹。浅色型上胸具有深色带。脚黄色、裸足。

喜开阔原野且在空中热气流上高高翱翔，在电线杆上或沙丘顶端歇息。以鼠类为食，也捕食小鸟和蛙类、蜥蜴等。

国内分布于各地，多为候鸟。

在阿拉善盟为旅鸟。见于贺兰山及外缘地带。

国家保护等级：Ⅱ级。

世界自然保护联盟（IUCN）评估等级：无危（LC）。

摄于贺兰山哈拉乌沟，王志芳

摄于贺兰山哈拉乌沟，王志芳

鹤形目

秧鸡科

64. 普通秧鸡
（ pǔ tōng yāng jī ）

学　名：*Rallus indicus*
英文名：Brown-cheeked Rail

　　小型涉禽，体长 25 ～ 31 厘米，雌雄同色。成鸟嘴红色，头颈、后背至尾羽大致棕褐色，具黑色纵纹；颊部多灰蓝色，具一道棕色贯眼纹；颏白，喉及胸灰蓝色，两胁具黑白色横斑。尾下覆羽白色有黑色斑点。脚红色。

　　常栖于水田及芦苇、沼泽等生境，亦见于沿海地区的湿地。主要以淡水鱼、虾、甲壳类动物、昆虫为食，多在早晨、黄昏活动。

　　在国内繁殖于东北，南迁至我国东南及台湾地区越冬。

　　在阿拉善盟为夏候鸟。少见于阿拉善左旗巴彦浩特镇。2009 年 10 月在巴彦浩特镇南田湿地有 1 笔记录（ 1 只 ）。

　　世界自然保护联盟（ IUCN ）评估等级：无危（ LC ）。

摄于阿拉善左旗巴彦浩特镇南田湿地，王志芳

65. 白胸苦恶鸟
（ bái xiōng kǔ è niǎo ）

学　名：*Amaurornis Phoenicurus*
英文名：White-breasted Waterhen

　　小型涉禽，体长 26 ～ 35 厘米，雌雄同色。成鸟上体大致呈暗石板灰色，略沾褐色；嘴黄绿色、上嘴基红色；额、脸及喉至胸、上腹为白色；下腹至尾下覆羽红棕色；尾羽近黑。脚橙黄色。

　　常栖于水田及芦苇、沼泽等生境，亦见于沿海地区的湿地。主要以淡水鱼、虾、甲壳类动物、昆虫为食，多在早晨、黄昏活动。

　　在国内繁殖于华北、华南、华东、西南等地区，包括我国海南和台湾，为夏候鸟或留鸟。

　　在阿拉善盟为迷鸟。2009 年 10 月在贺兰山南寺有 1 笔记录（1 只）。2021 年贺兰山水磨沟有 1 笔记录 1 只。

　　世界自然保护联盟（IUCN）评估等级：无危（LC）。

摄于贺兰山南寺，王志芳

摄于贺兰山水磨沟小坝，李宗智

66. 黑水鸡
(hēi shuǐ jī)

学　名：*Gallinula chloropus*
英文名：Common Moorhen

　　小型涉禽，体长24～35厘米，雌雄同色。成鸟嘴基亮红色，端部黄色；通体灰黑色，背、翼及尾羽略带褐色；两胁具白色细纹；尾下覆羽中间黑色两边白色。幼鸟羽色为较淡的暗褐色，与骨顶鸡幼鸟区别为胁部有一道白色横斑。脚绿色。

　　多见于湖泊、池塘及河流。栖水性强，常在水中慢慢游动，并在水面浮游植物间翻拣找食，也取食于开阔草地。于陆地或水中尾不停上翘。不善飞翔。

　　在国内东北、西北、华北等地区为常见夏候鸟，华南、华东、西南等地区为常见留鸟。

　　在阿拉善盟为常见夏候鸟。夏季常见于贺兰山外缘有芦苇的水域。

　　世界自然保护联盟（IUCN）评估等级：无危（LC）。

幼，摄于阿拉善左旗巴彦浩特镇南田湿地，王志芳

摄于阿拉善左旗锡林高勒水库，王志芳

摄于阿拉善左旗巴彦浩特镇南田湿地，王志芳

67. 骨顶鸡
（gǔ dǐng jī）

学　名：*Fulica atra*
英文名：Eurasian Coot

小型涉禽，体长 35～41 厘米，雌雄同色。成鸟通体黑灰色；具显眼的白色嘴及额甲。脚灰绿色，趾为波形瓣状璞。幼鸟喉、前颈及胸侧污白色。

强栖水性和群栖性；常潜入水中在湖底找食水草。繁殖期相互争斗追打。起飞前在水面上长距离助跑。以水生昆虫、小鱼、虾以及水生植物为食。

在国内常见于东北、西北、华北、华南、华东、西南等地区，黄河以北大部分地区为夏候鸟，黄河以南为冬候鸟。

在阿拉善盟为常见夏候鸟。常见于贺兰山外缘的各种水域。

世界自然保护联盟（IUCN）评估等级：无危（LC）。

幼，摄于阿拉善左旗巴彦浩特镇西关水塘，王志芳

摄于阿拉善左旗巴彦浩特镇生态公园，王志芳

鸻形目

反嘴鹬科

68. 反嘴鹬
（fǎn zuǐ yù）

学　名：*Recurvirostra avosetta*
英文名：Pied Avocet

　　中型涉禽，体长 40 ～ 45 厘米，雌雄同色。整体以黑、白两色为主。黑色的嘴细长而上翘，腿蓝灰色修长；头顶至后颈黑色；初级飞羽、三级飞羽、中覆羽和外侧小覆羽均为黑色，其余部分均为白色。飞行时从下面看体羽全白，仅翼尖黑色。幼鸟以暗褐或灰褐色代替黑色。

　　虹膜为红褐色；嘴为黑色；脚为蓝灰色。

　　善游泳，能在水中倒立。进食时嘴往两边扫动。飞行时不停地快速振翼并做长距离滑翔。

　　在国内大部分地区可见，北方为夏候鸟，南方为冬候鸟，较常见。

　　在阿拉善盟为夏候鸟。广泛分布于阿拉善盟全盟范围。

　　世界自然保护联盟（IUCN）评估等级：无危（LC）。

摄于阿拉善左旗巴彦浩特镇红沟水库，王志芳

69. 黑翅长脚鹬

（ hēi chì cháng jiǎo yù ）

学　名：*Himantopus himantopus*
英文名：Black-winged Stilt

　　小型涉禽，体长29～41厘米的高挑、修长的黑白色涉禽，嘴细长、黑色，虹膜红色。雄鸟繁殖羽额部白色，头顶至后颈、背部、两翼黑色。雌鸟似雄鸟，头颈至后颈不黑，背部及两翼黑褐色。腿及脚长、红色。幼鸟褐色较浓，羽缘浅色；虹膜褐红色，脚粉灰色，越成年越红。

　　常栖息于开阔平原草地中的湖泊、浅水池塘及沼泽地带，有时也见于沿海浅滩和水塘。主要以小型无脊椎动物和小鱼、蝌蚪等动物为食。

　　在国内见于各省（区、市），多为旅鸟。东北、西北地区为夏候鸟；于南方部分地区有越冬个体。

　　在阿拉善盟为常见夏候鸟。夏季易见于贺兰山及外缘地带的水域。

　　世界自然保护联盟（IUCN）评估等级：无危（LC）。

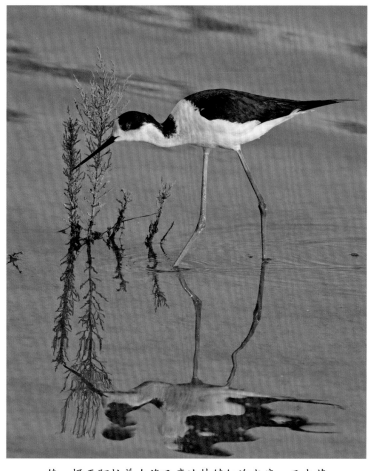

雄，摄于阿拉善左旗巴彦浩特镇红沟水库，王志芳

幼，摄于阿拉善左旗巴彦浩特镇生态公园，王志芳

雌，摄于阿拉善左旗巴彦浩特镇红沟水库，王志芳

鸻 科

70. 凤头麦鸡
（ fèng tóu mài jī ）

学　名：*Vanellus vanellus*
英文名：Northern Lapwing

　　小型涉禽，体长 29 ～ 34 厘米，雌雄同色。飞行时，翼展宽圆，飞羽黑、翼尖白，翼下覆羽及腹白色，与飞羽黑白分明；尾羽白色，末端有黑宽带；脚不伸出尾端。雄鸟繁殖羽头黑色，后有黑色辫状羽冠，脸污白色，眼下有黑斑纹；体背铜绿色，覆羽具绿色金属光泽，肩羽带紫色；嘴近黑，颏、喉至胸黑，腹白；尾上、尾下覆羽红褐色。雌鸟似雄鸟，但冠羽略短，脸略带淡褐，喉黑色夹杂淡色斑。非繁殖羽脸白色转棕褐色，喉及前颈黑色渐转白，翼上覆羽有淡色羽缘。腿及脚橙红色。幼鸟似非繁殖羽，但羽冠很短，体背缺绿色金属光泽，且漫布淡色羽缘。

　　常栖息于草原地带的湖泊、沼泽、农田等生境。以昆虫、蠕虫、螺贝及蛙为食。

　　在国内见于各省（区、市），为北方地区常见夏候鸟，为南方地区常见冬候鸟，迁徙时经过全国大部分地区。

　　在阿拉善盟为夏候鸟。少见于贺兰山外缘各种水域边缘草地。

　　世界自然保护联盟（IUCN）评估等级：近危（NT）。

幼，摄于阿拉善左旗巴彦浩特镇巴彦霍德嘎查，王志芳

雄，摄于阿拉善左旗巴彦浩特镇南田湿地，王志芳

71. 灰头麦鸡
（ huī tóu mài jī ）

学　名：*Vanellus cinereus*
英文名：Grey-headed Lapwing

　　小型涉禽，体长 32～36 厘米，雌雄同色。成鸟繁殖羽头、颈及胸灰色；嘴黄色，有黄眼圈，颈至上胸灰褐色、下胸有黑胸带，腹以下白色；体背褐色；尾羽白色、末端黑色。非繁殖羽头颈灰色较浅、略带褐色，黑胸带模糊。脚黄色。幼鸟似成鸟非繁殖羽，但虹膜褐色或橙褐色，头颈偏褐色，体背密布皮黄色羽缘，黑胸带模糊或无。

　　栖于近水的开阔地带、河滩、草地及沼泽。以昆虫、蠕虫、螺贝及蛙为食。

　　在国内除新疆、西藏外，见于各省（区、市），北方部分地区为夏候鸟，迁徙时经过中部地区，越冬于我国南方地区。

　　在阿拉善盟为夏候鸟。见于贺兰山外缘水域附近。

　　世界自然保护联盟（IUCN）评估等级：无危（LC）。

摄于阿拉善左旗巴彦浩特镇南湖，王志芳

繁殖羽，摄于阿拉善左旗巴彦浩特镇东关村，
王志芳

72. 金眶鸻
(jīn kuàng héng)

学　名：*Charadrius dubius*
英文名：Little Ringed Plover

　　小型涉禽，体长 15 ～ 18 厘米，雌雄同色。嘴短直呈黑色，喉部白色延伸至后颈形成白色领环，领环后有一条黑色环带至胸前。雄鸟繁殖羽头顶灰褐色，额部白色，头顶前端、眼后黑色明显，金色眼圈明显；胸、腹部白色。雌鸟繁殖羽耳羽褐色；黑胸带和额上黑色稍窄且较不黑。非繁殖羽及幼鸟似成鸟，无黑色额斑，颈环多灰色，幼鸟头顶、背部羽缘浅色，形成鳞片状杂斑。

　　常栖息于开阔平原的河流、湖泊及沼泽地带。偏好淡水环境，啄食浮出水面的生物。

　　在国内见于各省（区、市），为北部、中部地区的常见夏候鸟，为南方常见冬候鸟。

　　在阿拉善盟为常见夏候鸟。夏季见于贺兰山低海拔溪流及外缘水域边缘。

　　世界自然保护联盟（IUCN）评估等级：无危（LC）。

幼，摄于阿拉善左旗紫泥湖，王志芳

摄于阿拉善左旗巴彦浩特镇红沟水库，王志芳

雌、雄，繁殖羽，摄于阿拉善左旗巴彦浩特镇西城区，王志芳

73. 金斑鸻
（jīn bān héng）

学　名：*Pluvialis fulva*
英文名：Pacific Golden Plover

　　小型涉禽，体长 21～25 厘米，雌雄同色。繁殖羽体背具金黄色、白色及黑色之斑驳碎斑。白色前额沿眉上、颈侧、胸侧到腹侧呈一醒目白色曲线带，白色曲线带下方脸颊、喉部、胸部及腹部均为黑色；尾羽黑褐、具灰白色细横斑纹。非繁殖羽眉线棕白色，体背黑色褪浅，多金黄色羽缘；体下黑色消失，颈及胸皮黄色，具暗色纵纹及点斑；腹以下污白色。幼鸟似成鸟非繁殖羽，黄褐色较浓，体背较多淡色羽缘及碎斑，三级飞羽羽缘有淡色三角碎斑；颈、胸、肋有较明显暗色纵纹及淡色杂斑。

　　虹膜为褐色；嘴为黑色；腿为灰色。

　　在国内见于各省（区、市），为大多数地区旅鸟，在东南地区有越冬个体。

　　在阿拉善盟为旅鸟。见于阿拉善盟全盟的湿地湖泊。

　　常栖于沿海滩涂、水塘，有时也栖息于沼泽、草地、农田等生境。

非繁殖羽，摄于阿拉善左旗巴彦浩特镇红沟水库，
王志芳

繁殖羽，摄于阿拉善左旗巴彦浩特镇生态公园，
王志芳

74. 环颈鸻

（ huán jǐng héng ）

学 名：*Charadrius alexandrinus*
英文名：Kentish Plover

小型涉禽，体长 15～18 厘米，雌雄同色。雄鸟繁殖羽前额白与白眉线相连，前额上有黑色横斑，过眼纹黑色；头顶至后颈棕红色，体背灰褐色，中间被白色后颈环隔开；黑色颈环较窄，于胸前断开；喉、胸、腹至尾下覆羽纯白色；雄鸟非繁殖羽头顶棕红色转为灰棕色，前额横斑与胸带仍略带黑色。雌鸟似雄鸟，但过眼线及胸带黑色被褐色取代，无黑色额斑。幼鸟似雌鸟，但头顶及体背有浅色羽缘。飞行时翼上具白色翼带，尾羽外侧更白。

常栖于沿海滩涂、河口、沼泽地带，也栖息于内陆草原、河滩或湖泊草地。啄食泥滩上的昆虫、软体动物等。较喜欢咸水环境。

在国内见于各省（区、市），为大部分地区候鸟，部分留鸟种群见于东南地区。

在阿拉善盟为常见夏候鸟。少见于贺兰山外缘水域边缘。

世界自然保护联盟（IUCN）评估等级：无危（LC）。

雄，摄于阿拉善左旗巴彦浩特镇生态公园，王志芳　　幼，摄于阿拉善左旗巴彦浩特镇贺兰水库，王志芳

雌，摄于腾格里沙漠，王志芳

75. 蒙古沙鸻

（měng gǔ shā héng）

学　名：*Charadrius mongolus*
英文名：Lesser Sand Plower

小型涉禽，体长 18～21 厘米，雌雄同色。比环颈鸻体型大，甚似铁嘴沙鸻。亚种较多。嘴长等于或小于嘴基至眼的距离，嘴端膨大部分较铁嘴沙鸻短而显钝。雄鸟繁殖羽头眼罩变黑，前额白，上缘有黑色横带；头至胸带变为栗色，颜色较铁嘴沙鸻浓郁，且胸带较宽，延伸至胁部；上体褐色；喉、腹至尾下覆羽白色。雌鸟繁殖羽似雄鸟，但贯眼纹近灰。非繁殖羽头顶、背部、颈环灰色。飞行时有白翼带，脚不超出尾端。腿深灰色。

常栖于沿海滩涂、河口、河流地带，也栖于内陆湖泊、草地、农田等生境。以昆虫、贝壳等为食。

在国内见于整个东部地区及新疆、西藏、青海等地，为各地较常见留鸟或夏候鸟，在我国台湾越冬。

在阿拉善盟为旅鸟。迁徙季见于贺兰山外缘。

世界自然保护联盟（IUCN）评估等级：无危（LC）。

摄于阿拉善左旗巴彦浩特镇中水水库，王志芳　　雌，摄于阿拉善左旗腾格里额里斯，王志芳

76. 铁嘴沙鸻
（tiě zuǐ shā héng）

学　名：*Charadrius leschenaultii*
英文名：Greater Sand Plover

　　小型涉禽，体长 19～23 厘米，雌雄同色。外观似蒙古沙鸻。较蒙古沙鸻腿长、头大；嘴长超过嘴基至眼的距离，且嘴端膨大较明显。雄鸟繁殖羽眼罩变黑，前额白，上缘有黑色横带；头至胸带变为栗色，且胸带较窄且不延伸至胁部；喉、腹至尾下覆羽白色。雌鸟繁殖羽似雄鸟，但棕红色部分较淡不明显；贯眼纹黑色被褐色取代。非繁殖羽上体为单调的灰褐色；白眉线明显，与额部白色相连；过眼纹灰褐色；胸带转为灰褐色，可能中断或仅以颈侧板块呈现。幼鸟似非繁殖羽，体背具淡色羽缘。飞行时，白翼带比蒙古沙鸻明显，脚超出尾端。

　　常栖于沿海滩涂、河口、河流地带，也栖于内陆湖泊、草地、农田等生境。以昆虫、贝壳等为食。

　　在国内除黑龙江、西藏、云南外，见于各省（区、市）。

　　在阿拉善盟为旅鸟。见于贺兰山外缘，数量少。

　　世界自然保护联盟（IUCN）评估等级：无危（LC）。

幼，摄于腾格里沙漠，王志芳

繁殖羽，摄于阿拉善左旗巴彦浩特镇贺兰水库，
王志芳

鹬 科

77. 黑尾塍鹬
（hēi wěi chéng yù）

学　名：*Limosa limosa*
英文名：Black-tailed Godwit

　　小型涉禽，体长 37 ～ 42 厘米，雌雄同色。成鸟嘴平直，基部粉色，端部深色；繁殖羽头部红褐色具不明显白色眉纹；胸部红褐色少斑纹，腹部红褐色具明显深褐色横纹。非繁殖羽整体灰色。脚灰黑色。飞行时尾端黑色明显，脚伸出尾后较多。幼鸟似非繁殖羽，背部、两翼具浅色羽缘。

　　活动于较宽阔的泥滩、沙地及浅水区。喜食昆虫、螺贝、虾蟹、小鱼及草籽。

　　在国内除西藏外，见于各省（区、市），于东北、新疆西北部地区为夏候鸟，少数个体为南方冬候鸟，迁徙时经过全国各地。

　　在阿拉善盟为夏候鸟。夏季易见于贺兰山外缘水域附近，数量少。

　　世界自然保护联盟（IUCN）评估等级：近危（NT）。

幼，摄于阿拉善左旗巴彦浩特镇巴彦霍德水库，
王志芳

繁殖羽，摄于阿拉善左旗巴彦浩特镇南田湿地，
王志芳

78. 弯嘴滨鹬
（wān zuǐ bīn yù）

学　名：*Calidris ferruginea*
英文名：Curlew Sandpiper

　　小型涉禽，体长 18 ～ 23 厘米，雌雄同色。嘴黑长而下弯，嘴基有白斑。繁殖羽头部、胸部、腹部栗红色；下腹至尾下覆羽白色，有不规则斑纹；背部红褐色具黑色斑纹，羽缘白色；有淡色眼圈，非繁殖羽体背为单调灰褐色，具淡色羽缘；白眉线明显。脚黑色。幼鸟似非繁殖羽，褐色较浓，体背有明显淡色羽缘及褐黑色次级羽缘；颈至胸沾褐色且暗色斑纹较多。飞行时，有白翼带，腰至尾上覆羽白色，尾羽灰褐；脚稍伸出尾端。

　　主要栖于海滩、湖泊、河流、稻田和鱼塘等水域附近的沼泽地带。通常与其他滨鹬及鹬类混群。主要以甲壳类、软体动物和水生昆虫等为食。

　　在国内见于除云南、贵州外的各省（区、市），其中海南、我国台湾及广东为冬候鸟，其他各地为旅鸟。

　　在阿拉善盟为旅鸟。少见于贺兰山外缘各种水域附近的沼泽。

　　世界自然保护联盟（IUCN）评估等级：近危（NT）。

幼，摄于阿拉善左旗巴彦浩特镇九龙园，王志芳

繁殖羽，摄于阿拉善左旗巴彦浩特镇生态公园，王志芳

摄于阿拉善左旗巴彦木仁苏木，王志芳

79. 青脚滨鹬

（ qīng jiǎo bīn yù ）

学　名：*Calidris temminckii*
英文名：Temminck's Stint

　　小型涉禽，体长 13 ～ 15 厘米的小型鸻鹬，雌雄同色。矮壮，腿短，嘴黑色、略下弯；整体灰色。繁殖羽头、颈至胸暗灰褐略沾红褐色，具不明显暗色细纵纹；有不明显白眼圈及眉线，喉近白；腹以下白色，与暗色胸有明显对比；上体暗灰；肩羽有黑色轴斑与棕红色及淡色羽缘；尾羽外侧白色；站立时翼尖比尾羽短。非繁殖羽上体及胸单调灰褐色；喉及腹白色，形成暗色宽胸带。腿短，偏绿或近黄。幼鸟似非繁殖羽，但体沾褐色，体背有明显白色羽缘及暗色次级羽缘。飞行时有白翼带，腰至中央尾羽黑，两侧白；脚不伸出尾端。

　　喜沿海滩涂及沼泽地带。主要为淡水鸟，也光顾潮间港湾。觅食动作缓慢，有别于红颈滨鹬和小滨鹬。

　　在国内见于各省（区、市），南部沿海省份及我国台湾为冬候鸟，在其余地方为旅鸟。

　　在阿拉善盟为旅鸟。迁徙季节易见于贺兰山外缘水域边缘，数量多。

　　世界自然保护联盟（IUCN）评估等级：无危（LC）。

幼，摄于阿拉善左旗巴彦浩特镇中水水库，王志芳　　　繁殖羽，摄于阿拉善左旗巴彦浩特镇中水水库，林剑声

80. 长趾滨鹬
（cháng zhǐ bīn yù）

学　名：*Calidris subminuta*
英文名：Long-toed Stint

　　小型涉禽，体长 13 ～ 15 厘米的小型鸻鹬，雌雄同色。整体棕褐色，身形高挺，颈稍长，羽色似尖尾滨鹬。繁殖羽棕红色甚浓，头顶棕红，具黑色细纵纹，有明显白眉线；体背各羽轴斑黑，具棕红及白色羽缘；嘴黑色、下嘴基暗黄色，喉近白，颈、胸沾红褐，具细密黑纵纹；腹以下白色。非繁殖羽上体灰褐，具黑色轴斑及淡色羽缘，白眉线明显；喉白，颈、胸淡灰褐具模糊暗色斑纹；腹以下白色。脚黄绿色，前趾长。幼鸟似非繁殖羽，但体背黑轴斑及白色羽缘较明显，肩羽有棕红色羽缘，背"V"形带状纹清晰。飞行时，白翼带狭窄不明显，腰至尾中央黑、两侧白；脚趾伸出尾端。

　　常栖于内陆淡水沼泽、湖泊、池塘、稻田及其他的泥泞地带。偏好淡水环境。觅食时啄取水面或泥表昆虫、螺贝、虾蟹等。

　　在国内见于各省（区、市），南部沿海省份及我国台湾为冬候鸟，其余各地为旅鸟。

　　在阿拉善盟为旅鸟。见于贺兰山外缘水域边缘，数量少。

　　世界自然保护联盟（IUCN）评估等级：无危（LC）。

幼，摄于阿拉善左旗巴彦浩特镇中水水库，王志芳

繁殖羽，摄于阿拉善左旗巴彦浩特镇中水水库，林剑声

81. 尖尾滨鹬
（ jiān wěi bīn yù ）

学　名：*Calidris acuminata*
英文名：Sharp-tailed Sandpiper

　　小型涉禽，体长 16～23 厘米，雌雄同色。成鸟繁殖羽头顶棕红色，具黑色细纵纹，有白眉线与白眼圈；体背各羽轴斑黑色，有棕红及淡色羽缘；颊至胸淡红棕色具黑色纵纹，腹以下白，胸及肋有黑色三角形斑纹延伸至尾下覆羽。非繁殖羽头顶略带棕红，白眉线明显；体背灰褐，具暗色轴斑与淡色羽缘。颈、胸淡灰褐，有模糊暗色斑纹；腹以下白，胸、肋黑色三角状斑明显减少或消失。幼鸟似非繁殖羽，但头顶棕红色较浓，颈、胸沾红褐色；体背黑色轴斑与棕红及白色羽缘明显，尤以三级飞羽有较宽棕红色羽缘。飞行时，白色翼带窄细不明显，腰至尾中央黑，两侧白；脚稍伸出尾端。

　　虹膜为褐色；嘴为黑色，下嘴基色淡；脚为黄绿色。

　　栖于沼泽地带及沿海滩涂、泥沼、湖泊及稻田。常与其他涉禽混群。在泥水间快速啄食，主要以螺贝、螃蟹、昆虫等为食。

　　在我国见于中部和东部地区，仅于台湾地区为冬候鸟，其他地方为旅鸟。

　　在阿拉善盟为旅鸟。迁徙季节见于阿拉善盟全盟范围。

　　世界自然保护联盟（IUCN）评估等级：无危（LC）。

幼，摄于阿拉善左旗巴彦浩特镇南田湿地，王志芳　　　繁殖羽，摄于阿拉善左旗巴彦浩特镇中水水库，王志芳

82. 红颈滨鹬
（hóng jǐng bīn yù）

学　名: *Calidris ruficollis*
英文名: Red-necked Stint

　　小型涉禽，体长 13～16 厘米的小型鸻鹬，雌雄同色。繁殖羽头、颈至上胸栗红色，头顶有黑细纵纹；背及肩羽具醒目黑色轴斑与栗红色羽缘；胸以下白色，胸及颈侧散布暗色斑纹。非繁殖羽体背为单调灰褐色，具暗色轴斑；头至后颈有暗色细纵纹；眉线白，眼先暗色；下体白，胸侧斑纹模糊。幼鸟似非繁殖羽，但头、颈沾褐色；背及肩羽黑色轴斑与棕红色及白色羽缘对比明显。与长趾滨鹬区别在于灰色较深而羽色单调，腿黑色。与小滨鹬区别在腿略短，嘴黑，短而直，略显钝。飞行时，有白翼带，腰至尾中央黑，两侧白，脚趾不伸出尾端。

　　虹膜为褐色；嘴为黑色；脚为黑色。

　　喜沿海滩涂、河口等生境。结大群活动，性活跃，敏捷行走或奔跑。

　　在我国见于各省（区、市），为东部及中部常见的迁徙过境鸟。在我国的海南、广东、香港及台湾沿海越冬。

　　在阿拉善盟为旅鸟。迁徙季节少见于阿拉善左旗。

　　世界自然保护联盟（IUCN）评估等级：近危（NT）。

摄于阿拉善左旗巴彦浩特镇中水水库，王志芳

83. 小滨鹬
（xiǎo bīn yù）

学　名: *Calidris minuta*
英文名: Little Stint

　　小型涉禽，体长 12～14 厘米的小型鸻鹬，雌雄同色。繁殖羽头部红褐色，顶部具黑色细纵纹，喉白；背部有白色"V"形带状纹；胸以下白色，棕红色胸侧夹杂暗色点斑。非繁殖羽似红颈滨鹬，体背为单调灰褐色，深色羽轴较红颈滨鹬宽，头至颈有暗色细纵纹；上胸侧沾灰；暗色过眼纹模糊，眉纹白。幼鸟头、颈沾褐色，体背各羽黑色羽轴与棕红色及白色羽缘对比明显，背"V"形性带状纹清晰。飞行时，有白翼带，腰及中央尾羽黑，两侧白；脚不伸出尾端。

　　虹膜为深褐色；嘴为黑色；脚为黑色。

　　常栖于沿海滩涂、河口、农田等地带。进食时嘴快速啄食或翻拣。喜群居并与其他小型涉禽混群。

　　在国内见于河北、江苏、上海、香港及新疆、内蒙古等地，于东部为迷鸟。

　　在阿拉善盟为旅鸟。偶见于阿拉善左旗。

幼，摄于阿拉善左旗巴彦浩特镇生态公园，王志芳　　　繁殖羽，摄于阿拉善左旗巴彦浩特镇红沟水库，王志芳

84. 丘鹬
（qiū yù）

学　名：*Scolopax rusticola*

英文名：Eurasian Woodcock

　　小型涉禽，体长 32～42 厘米，雌雄同色。体大而肥胖，腿短、粉灰色，嘴长且直、基部偏粉，整体棕红色，似沙锥，但比沙锥体型大、嘴短。头至颈棕褐色，具 3～4 道近黑色粗横纹；过眼线褐色，眼下有暗褐色横斑；体背棕褐色，密布暗色及淡色横斑；胸腹部黄褐色，具窄细的暗色横纹；尾羽黑，末端灰。飞行时，翼较宽圆，看似笨重，振翅"嗖嗖"作响。

　　常栖于山区路边潮湿草地或溪流地带。夜行性的森林鸟。白天隐蔽，伏于地面，夜晚飞至开阔地进食。

　　为我国北方地区夏候鸟，为南方地区冬候鸟，迁徙时经中国的大部地区。

　　在阿拉善盟为旅鸟。在巴彦浩特镇有 2 笔记录：2019 年 10 月于贺兰山南寺有 1 笔记录，1 只。

　　世界自然保护联盟（IUCN）评估等级：无危（LC）。

摄于贺兰山南寺，杜卿

85. 孤沙锥
（gū shā zhuī）

学　名：*Gallinago solitaria*
英文名：Solitary Snipe

　　小型涉禽，体长 29～31 厘米的较大体型沙锥，雌雄同色。整体棕红色，斑纹较细。嘴基黄绿色、端部深褐色；脸和背部的条纹为白色而不是微带褐色。胸浅姜棕色，胁部具白及红褐色横纹，尾偏棕红色。脚橄榄色。飞行时翼下和初级飞羽后缘无白色，脚趾不伸出尾端。

　　常见于山区溪流有硕石滩或植被繁茂的地带。性孤僻。飞行较扇尾沙锥缓慢，但也做锯齿状盘旋飞行。主要以蠕虫、昆虫、甲壳类、植物为食。

　　在国内于东北、西北为夏候鸟，华北、华南及西南地区为冬候鸟。

　　2016 年 2 月偶见于贺兰山哈拉乌沟，1 只。

　　世界自然保护联盟（IUCN）评估等级：无危（LC）。

摄于贺兰山哈拉乌沟，林剑声

86. 扇尾沙锥

（ shàn wěi shā zhuī ）

学　名：*Gallinago gallinago*
英文名：Common Snipe

　　小型涉禽，体长 24 ～ 29 厘米，雌雄同色。成鸟头央线、眉线、颊及喉皮黄色，眼部上下条纹及贯眼纹色深；嘴长且直，基部绿褐色、端部渐黑，为头部的 1.5 ～ 2 倍；背及肩羽上体深褐色，两侧各有明显皮黄色粗纵带，肩羽羽缘皮黄，外侧羽缘粗而明显、内侧窄而不显；颈、胸黄褐具黑色的纵斑；腹至尾下覆羽白色；两胁淡褐色具深色横斑；尾羽棕红色；站立时尾羽超出翼尖。脚黄绿色。飞行时，次级飞羽具白色宽后缘，翼下具白色宽横纹，常做快速锯齿状飞行，并发出沙哑的叫声，脚伸出尾端。

　　主要栖于开阔平原的湖泊、河流、苇塘和沼泽等地带，也出现于林间沼泽、稻田及鱼塘等生境。通常隐蔽在草丛中。主要以昆虫、蜘蛛、蚯蚓等动物为食，偶尔也吃小鱼和杂草种子。

　　它是我国最常见的沙锥。在国内东北、西北地区为夏候鸟，在南方地区为冬候鸟，迁徙时见于各省（区、市）。

　　在阿拉善盟为夏候鸟见于贺兰山溪流及贺兰山外缘各种水域边草丛里。

　　世界自然保护联盟（IUCN）评估等级：无危（LC）。

摄于阿拉善左旗巴彦浩特镇中水水库，林剑声

87. 矶鹬
（jī yù）

学　名：*Actitis hypoleucos*
英文名：Common Sandpiper

　　小型涉禽，体长 19～21 厘米，雌雄同色。嘴深灰褐色，短且直；腿浅橄榄绿色且短；翼不及尾。繁殖羽上体橄榄褐色，具浓密暗色斑纹；眉线白，过眼纹黑褐色，有白眼圈；喉白，胸有暗褐色纵纹；腹以下白色；翼前有一白色指状凸起为其特色。非繁殖羽羽色平淡，上体暗色斑纹及胸纵纹较不明显。幼鸟似非繁殖羽，上体具明显皮黄色羽缘，尤其是肩羽及翼覆羽。飞行时，翼上有明显白翼带，翼下覆羽具暗色条纹，腰无白色，尾羽末端一圈白色常可见。

　　常栖于湖泊、池塘、沼泽、河流等生境。繁殖于有林的苔原、草原等地的湖泊及河流边。惊飞时飞行高度极低。主要以螃蟹、虾、水生昆虫、水藻等为食。

　　在国内见于各省（区、市），于北方为夏候鸟，于南方为冬候鸟。

　　在阿拉善盟为夏候鸟。夏季见于贺兰山溪流边或者外缘地区水域边缘。

　　世界自然保护联盟（IUCN）评估等级：无危（LC）。

幼，摄于阿拉善左旗巴彦浩特镇中水水库，王志芳

摄于阿拉善左旗巴彦浩特镇中水水库，林剑声

88. 白腰草鹬
（bái yāo cǎo yù）

学　名：*Tringa ochropus*
英文名：Green Sandpiper

　　小型涉禽，体长 21～24 厘米，雌雄同色。繁殖羽头、颈及胸具浓密黑色纵纹；嘴基部橄榄绿色、端部渐黑，白眉较短，仅至眼先与白眼圈相连，眼先黑色；体背大致为深绿褐色，布白色小点斑；腰至尾羽白，尾羽具暗色粗横斑；腹以下白色。非繁殖羽体背色泽较淡，头、颈及上胸的纵纹不明显，体背白色点斑较细且少。脚橄榄绿色。幼鸟似非繁殖羽，羽色偏褐色，体背白色点斑较细碎且沾褐色，头及上胸纵纹较模糊。飞行时，翼下全黑，翼上无白色翼带，腰至尾羽白色醒目，尾羽有暗色粗横斑，脚略伸出尾端。与林鹬区别在于近绿色的腿较短，外形较矮壮。

　　性孤僻，常单独活动；喜小水塘及池塘、沼泽地及沟壑；行动时尾上下颤动，受惊时立即飞离。主要以昆虫为食。

　　在国内见于各省（区、市），其中新疆西部、黑龙江北部和内蒙古东北部为夏候鸟；渤海湾至西藏南部一线南侧为冬候鸟。

　　在阿拉善盟为旅鸟见于贺兰山外缘水域边缘。

　　世界自然保护联盟（IUCN）评估等级：无危（LC）。

幼，摄于阿拉善左旗巴彦浩特镇中水水库，林剑声

繁殖羽，摄于阿拉善左旗巴彦浩特镇红沟水库，王志芳

89. 红脚鹬
（hóng jiǎo yù）

学　名：*Tringa totanus*
英文名：Common Redshank

　　小型涉禽，体长27～29厘米，雌雄同色。繁殖羽整体灰褐色，体背具深色轴斑；嘴基部橙红色、端渐黑，头、颈具暗色纵纹，有白眼圈；下体白色，胸、腹具暗色纵纹，腹以下较稀疏；尾羽白，具黑褐色细横纹；脚橙红色。非繁殖羽体背灰褐；腹近白，纵斑变细而模糊，大多数集中于胸部。幼鸟似非繁殖羽，但体背褐色较浓，遍布淡色羽缘，脚偏黄，随成熟度而转红。飞行时，下背、腰部白色明显，次级飞羽具明显白色外缘，尾上具黑白色细斑；脚伸出尾端。

　　喜泥岸、海滩、盐田、干涸的沼泽及鱼塘、近海稻田，偶尔在内陆。通常结小群活动，也与其他水鸟混群。主要以鱼、虾、水生昆虫为食。

　　在国内见于各省（区、市），于西北、东北及中部地区为夏候鸟；于浙江及云南东部一线的南方地区为冬候鸟。

　　在阿拉善盟为夏候鸟常见于贺兰山溪流地带和贺兰山外缘水域边缘。

　　世界自然保护联盟（IUCN）评估等级：无危（LC）。

摄于阿拉善左旗巴彦浩特镇红沟水库，王志芳

繁殖羽，摄于贺兰山长流水，王志芳

幼，摄于阿拉善左旗巴彦浩特镇红沟水库，王志芳

90. 林鹬
（lín yù）

学　名：*Tringa glareola*
英文名：Wood Sandpiper

　　小型涉禽，体长 19 ～ 23 厘米，雌雄同色。繁殖羽头上至后颈有浓密深褐色纵纹，眉线白，过眼线黑；嘴基部橄榄绿，端部渐黑色；喉至胸近白，颈、胸密布深褐色纵纹；腹以下白色；体背黑褐色，密布白色碎斑；腰至尾羽白色，尾羽有深色横纹；翼尖与尾羽约等长。非繁殖羽头上至后颈纵纹转模糊，体背灰褐，具完整淡色细羽缘，白碎斑减少且不明显；幼鸟似非繁殖羽，但胸前纵纹模糊不明显，体背斑点沾黄褐色，多而细碎，翼覆羽淡色不完整，被羽轴切断，三级飞羽羽缘有黄褐色三角斑。脚淡黄绿色。飞行时，翼下覆羽淡色，翼上无白翼带，腰至尾羽白色醒目，尾羽有暗色横斑；脚远伸出尾端。

　　常栖于河流、湖泊、沼泽等地带。步态缓慢，身体后部偶尔上下颤动。主要以水生昆虫和软体动物为食。

　　在国内见于各省（区、市），于东北和西北地区为夏候鸟，其他地区均为旅鸟。

　　在阿拉善为夏候鸟见于贺兰山外缘水域边缘。

　　世界自然保护联盟（IUCN）评估等级：无危（LC）。

幼，摄于阿拉善左旗巴彦浩特镇中水水库，林剑声

91. 翘嘴鹬
(qiào zuǐ yù)

学　名: *Xenus cinerus*
英文名: Terek Sandpiper

　　体长 22 ～ 25 厘米，雌雄同色。嘴长而上翘；上体灰色，脚橙黄色且较短。繁殖期羽头、颈至上胸淡灰褐，具暗色纵纹；晦黯的白色半截眉纹，眼前较粗，过眼线暗褐色；体背为单调的灰褐色，肩侧有黑色斜纹；腹及尾下覆羽白色。非繁殖羽羽色较淡，白眉线较明显，肩侧黑斜纹变细或不明显。幼鸟似非繁殖羽，体背偏棕，具淡色羽缘；肩侧黑斜纹不明显。飞行时，次级飞羽后缘白色；脚趾不伸出尾后。

　　虹膜为褐色；嘴为黑色，嘴基为黄色；脚为橘黄色。

　　喜沿海泥滩、小河及河口，进食时与其他涉禽混群，但飞行时不混群。通常单独或一两只在一起活动。

　　在我国见于各省（区、市），除在我国台湾地区为冬候鸟外，其他地方均为旅鸟。

　　在阿拉善盟为旅鸟。偶见于阿拉善左旗。

　　世界自然保护联盟（IUCN）评估等级：无危（LC）。

摄于阿拉善左旗巴彦浩特镇敖包沟公园，王志芳

鸥 科

92. 红嘴鸥
（hóng zuǐ ōu）

学　名：*Chroicocephalus ridibundus*
英文名：Black-headed Gull

　　小型游禽，体长37～43厘米的中等体型鸥，雌雄同色。成鸟繁殖羽深巧克力褐色的头罩延伸至顶后，有白色眼睑；嘴暗红色，颈、胸及下腹至下覆羽白色；肩背及翼上浅灰色；停歇时翼尖黑，白斑不明显或无；脚暗红色。非繁殖羽头转白，嘴鲜红、先端黑色，眼后有一黑色斑点，头顶有两道不明显灰褐色斑纹，脚鲜红色。飞行时，具狭窄的黑色翼尖，翼前缘的外侧初级飞羽白色显著，是重要的辨别特征。1龄冬羽似非繁殖羽，但嘴及脚橘红，背略带褐色斑，翼上有褐色杂斑，尾羽末端黑色。与棕头鸥的区别在体型较小，翼前缘白色明显，翼尖黑色几乎无白色点斑。

　　通常成群活动于沿海和内陆水域，城市和农田都可见。性格温驯，容易接受人类投食。飞行时很嘈杂，发出长而尖厉的叫声。

　　在我国东北和西北部分地区为夏候鸟，迁徙时见于全国大部分地区，黄河以南地区及台湾地区和海南省为冬候鸟。

　　在阿拉善为夏候鸟夏季常见于贺兰山外缘地带。

　　世界自然保护联盟（IUCN）评估等级：无危（LC）。

繁殖羽，摄于阿拉善左旗巴彦浩特镇
红沟水库，王志芳

非繁殖羽，摄于阿拉善左旗巴彦浩特镇
红沟水库，王志芳

幼，摄于阿拉善左旗巴彦浩特镇
生态公园，王志芳

93. 渔鸥
（ yú ōu ）

学　名: *lchthyaetus ichthyaetus*
英文名: Pallas's Gull

　　中型游禽，体长 60 ～ 72 厘米的大型鸥，雌雄同色。头型平，嘴黄色、近端处红色具黑色环带，长而厚重。成鸟繁殖期具黑色头罩，上、下眼睑白色；颈、喉、胸、腹至尾羽白色；肩、背及翼上浅灰色，次级飞羽及三级飞羽后缘白色；停歇时翼尖黑，有明显白斑。非繁殖羽头转白，耳后具深色斑，头顶具暗色纵纹，嘴上红色大部分消失。脚为黄色。飞行时翼下全白，仅翼尖有小块黑色并具翼镜；翼后缘白，外侧初级飞羽白色，先端黑并具明显白斑。

　　在内陆水域中的小岛或河流交汇处集群繁殖，非繁殖季节通常单独活动。栖于干旱平原湖泊。常在水上休息。食性甚杂，包括鱼类、甲壳类、昆虫类。

　　在国内繁殖于西藏北部及青海、内蒙古西部。迁徙时经过西北地区。

　　在阿拉善为夏候鸟、旅鸟。迁徙季节见于贺兰山外缘各类水域。

　　世界自然保护联盟（IUCN）评估等级：无危（LC）。

幼，摄于阿拉善左旗巴彦浩特
镇生态公园，王志芳

摄于阿拉善左旗锡林高勒水库，王志芳

幼，摄于阿拉善左旗巴彦浩特镇生态公园，王志芳

成鸟，摄于阿拉善左旗巴彦木
仁苏木，王志芳

94. 海鸥
（hǎi ōu）

学 名：*larus canus*
英文名：Mew Gull

　　小型游禽，体长 40～46 厘米的中型鸥，雌雄同色。成鸟嘴黄色至黄绿色、下嘴端处具深色斑点。繁殖羽头、颈、胸、腹至尾羽均为白色；肩、背及翼上灰色，次级飞羽及三级飞羽后缘白色；停歇时黑色翼尖超出尾端颇长，有明显白斑。非繁殖羽，头、颈及颊具有暗褐色细纵纹或大片污斑，嘴先端暗色次环斑不明显或无。脚黄色至黄绿色。飞行时，翼后缘白，初级飞羽先端黑并具明显白色翼斑。幼鸟咖啡色，上体羽缘淡色形成褐色斑，次级飞羽具深色横斑，外侧初级飞羽黑色；腰羽和尾羽白色，并具宽阔的黑色尾带。

　　常栖于沿海潮间带、泥滩、港湾、河口及内陆湖泊、水库等水域。主要以昆虫、软体动物、甲壳类为食。

　　迁徙和越冬时常见于我国大部分地区。

　　在阿拉善盟为旅鸟。偶见于阿拉善左旗贺兰山外缘地带。

　　世界自然保护联盟（IUCN）评估等级：无危（LC）。

亚成鸟，摄于阿拉善左旗巴彦木仁苏木黄河边，王志芳

非繁殖，摄于阿拉善左旗巴彦浩特镇中水水库，王志芳

95. 遗鸥
(yí ōu)

学　名：*Ichthyaetus relictus*
英文名：Relict Gull

　　小型游禽，体长 39 ～ 45 厘米的中型鸥，雌雄同色。成鸟繁殖羽嘴、脚深红色，有明显白色宽眼睑呈月牙形；后头、颈、胸、腹至尾羽白色；肩、背及翼上浅灰色；停歇时，翼尖黑，有明显白斑。非繁殖羽头转白，嘴转暗褐或黑褐色，颈后偶有暗色纵纹。飞行时，翼前后缘白色，外侧初级飞羽先端黑白交错，具两枚白色翼镜。1 龄冬羽的嘴、翼尖及尾端横带均黑，颈及两翼具褐色杂斑。

　　虹膜为深褐色；嘴为暗红色，非繁殖期红色，1 龄冬羽至夏羽灰绿色而尖端黑；脚为暗红色，非繁殖期红色，1 龄冬羽至夏羽灰绿色或灰褐色。

　　常栖于草原、沙漠湖泊，也出现在沿海沼泽地带。与其他鸥科混群，族群数量少。以小鱼、水生生物为食。

　　在国内主要越冬于渤海湾，亦见于东南沿海地区；地方性常见，但区域极有限，仅在内蒙古西部的鄂尔多斯高原有较大的繁殖群，在内蒙古中部有新近繁殖记录，于内蒙古东部的呼伦湖地区可能有繁殖。

　　在阿拉善盟为旅鸟。见于额济纳旗，在阿拉善左旗较少见。

　　国家保护等级：Ⅰ级。

　　世界自然保护联盟（IUCN）评估等级：易危（VU）。

繁殖羽，摄于阿拉善左旗巴彦浩特镇红沟水库，王志芳

96. 鸥嘴噪鸥
(ōu zuǐ zào ōu)

学　名：*Gelochelidon nilotica*
英文名：Gull-billed Tern

　　小型游禽，体长 33 ～ 43 厘米的中型燕鸥，雌雄同色。嘴黑色，短而厚实，尾浅叉状。成鸟繁殖羽前额至枕部黑色，上体和翼上覆羽浅灰色，初级飞羽深灰色，形成深色的翼后缘。颊、颈、喉、胸至下体及尾下覆羽白色，停歇时翅尖超出尾羽颇多。非繁殖羽头部转白色，眼后有一黑色点斑。飞行时，初级飞羽末端黑色，腰及尾羽白色，尾羽分叉不深。幼鸟嘴带黄褐色，头顶、后颈和翼上覆羽黄褐色，具暗褐色鳞纹。

　　虹膜为黑色；嘴为黑色；脚为黑色。

　　常光顾沿海河口及内陆淡 / 咸水湖。常徘徊飞行，取食时通常轻掠水面或于泥地捕食甲壳类及其他猎物，很少潜入水中。

　　在国内西北北部和渤海湾及东北局部地区为夏候鸟，于我国东北至华南地区及台湾和海南过境，越冬时见于东南沿海地区。

　　在阿拉善盟为夏候鸟。少量可见于贺兰山外缘水域边缘。

　　世界自然保护联盟（IUCN）评估等级：无危（LC）。

摄于阿拉善左旗巴彦浩特镇
红沟水库，王志芳

摄于阿拉善左旗巴彦浩特镇红沟
水库，王志芳

97. 红嘴巨鸥
（hóng zuǐ jù ōu）

学　名：*Hydroprogne caspia*
英文名：Caspian Tern

　　中小型游禽，体长 48～56 厘米的特大型燕鸥，雌性同色。体型庞大和巨大的红嘴是其显著的特征，尾叉浅。成鸟繁殖羽额至头后黑色，具不明显羽冠；上体和翼上覆羽浅灰色，初级飞羽近黑色；颊、颈及体下白色；停歇时翼尖超过尾羽甚多。非繁殖羽头转白，并具细密黑色纵纹，黑色过眼带隐约可见。飞行时，翼甚长，翼下初级飞羽黑褐色明显，翼下、腰及尾羽白色，尾短且分叉浅。1 龄冬羽上体浅灰色，头上黑色较浅，上体、翼上及尾羽有明显黑褐色轴斑；嘴浅红色。

　　虹膜为黑褐色；嘴为鲜红色，尖端黑；脚为黑色。

　　喜栖息于各种咸、淡水开阔水域，常停歇于河口沙洲和红树林。

　　国内繁殖于东北及华北地区，南迁越冬，见于东部沿海大部分地区。

　　在阿拉善盟为夏候鸟。阿拉善左旗偶见于巴润别立镇巴彦霍德水库，在额济纳旗居延海有繁殖。

摄于阿拉善左旗巴彦浩特镇巴彦霍德水库，王志芳

98. 蒙古银鸥
（ měng gǔ yín ōu ）

学　名：*Larus mongolicus*
英文名：Mongolian Gull

中型游禽，体长 55 ～ 68 厘米的大型鸥，雌雄同色。虹膜黄褐色，嘴黄色，下嘴先端有红色点斑（也有一些个体为黑色点斑），脚、趾蹼淡粉或肉粉色（也有个体为黄色）；有些个体酷似西伯利亚银鸥，在野外甚难分辨，但多数个体整体上给人以翼、嘴、脚等略长的感觉。成鸟繁殖羽头、颈、胸及下体为白色；肩、背及翼上灰色（较西伯利亚银鸥色浅），与黑色翼端对比明显，次级飞羽及三级飞羽后缘白色；停歇时黑色翼尖超出尾端颇长，有明显白斑。非繁殖羽后颈有稀疏暗褐色细纵纹，且范围固定，通常在仲冬就开始换上夏羽，雪白的头部十分明显。第 1、第 2 枚初级飞羽前部黑色次端斑后方各具一大形白斑，内侧初级飞羽和次级飞羽淡灰色，具白色翼斑。

常栖于沿海潮间带、泥滩、港湾、河口及内陆湖泊、水库等水域。杂食性，常在水面翱翔寻找漂浮的食物，有时抢夺其他鸥类的食物。

在国内新疆、东北北部为夏候鸟。

在阿拉善盟为旅鸟、夏候鸟。迁徙季见于阿拉善左旗，在额济纳旗有繁殖。贺兰山外缘少见于巴彦浩特镇各水域附近。

世界自然保护联盟（IUCN）评估等级：无危（LC）。

成鸟，摄于阿拉善左旗巴彦浩特镇红沟水库，王志芳

摄于阿拉善左旗巴彦木仁苏木，王志芳

99. 白额燕鸥
（bái é yàn ōu）

学　名：*Sternula albifrons*
英文名：Little Tern

　　小型游禽，体长 22 ～ 28 厘米，雌雄同色。尾叉深，停歇时，翼尖超出尾端。成鸟繁殖羽前额白，呈三角形；嘴黄色，端黑；头顶至枕后及过眼线黑色；肩、背及翼上淡灰色；颊、颈及体下白色。非繁殖羽嘴渐转黑，前额白色范围阔至头顶，过眼线及后枕仍为黑色，但眼先白色。飞行时，初级飞羽黑，腰及尾羽白色，尾叉深。脚黄色。幼鸟似非繁殖羽，但嘴带黄褐；背沾褐色，有暗褐色鳞斑及白色羽缘，尾羽较短且分叉较浅。

　　栖居于海边沙滩、河口、湖泊等地带。飞行时好似头重脚轻，振翼快速，常在水面做徘徊飞行，潜水方式独特，入水快，飞升也快。

　　在国内繁殖于新疆西北部和横断山脉以东的广大地区，以及我国台湾、海南。

　　在阿拉善盟为夏候鸟。见于贺兰山外缘地带，数量少。

　　世界自然保护联盟（IUCN）评估等级：无危（LC）。

摄于阿拉善左旗锡林高勒水库，王志芳

繁殖羽，摄于阿拉善左旗巴彦浩特镇生态公园，林剑声

100. 普通燕鸥
（pǔ tōng yàn ōu）

学　名：*Sterna hirundo*
英文名：Common Tern

　　小型游禽，体长 32～39 厘米，雌雄同色。尾深叉型，停歇时，翼尖与尾端等长。成鸟繁殖羽嘴深红色、端黑，前额至头后黑色，肩、背及翼上浅灰色；腰至尾羽白色；颊、颈至体下白色，略沾灰色。非繁殖羽嘴黑色，前额转白，并夹杂暗色斑纹，翼前缘色深，下体白色。飞行时，初级飞羽末端及外缘黑色；腰及尾羽白色，但外侧尾羽外缘黑色，尾叉深。幼鸟下嘴基黄褐色，脚肉褐色；体背沾褐色夹杂暗褐色鳞状斑；飞行时翼前缘及后缘黑褐色；尾羽较短且带黑褐色。脚偏红，冬季较暗。

　　常见于沿海水域，也见于内陆淡水水体。飞行有力，从高处冲下海面取食。主要以小鱼、虾、甲壳类、昆虫等小型动物为食。

　　常见夏季繁殖鸟及过境鸟。在中国繁殖于北方大部分地区，迁徙时经过华南及东南。

　　在阿拉善盟为夏候鸟。贺兰山外缘水域地带可见。

　　世界自然保护联盟（IUCN）评估等级：无危（LC）。

幼，摄于阿拉善左旗巴彦浩特镇敖包沟公园，
王志芳

摄于阿拉善左旗巴润别立镇白石头嘎查，王志芳

繁殖羽，摄于阿拉善左旗巴润别立镇白石头嘎查，王志芳

101. 须浮鸥
（xū fú ōu）

学　名：*Chlidonias hybrida*
英文名：Whiskered Tern

　　小型游禽，体长 23 ～ 29 厘米，雌雄同色。体小，尾叉浅，停歇时翼尖超出尾端。成鸟繁殖羽嘴深红色，前额至枕部黑色；翼上、背至尾羽暗灰色，翼尖黑；脸颊及喉白色，颈至胸灰黑，腹黑，尾下覆羽白色；飞行时，翼下覆羽浅灰色与下腹灰黑色对比明显。非繁殖羽嘴黑色，前额及头顶转白并夹杂黑色细斑，眼后至后颈常残留黑色；体下转白；与非繁殖期白翅浮鸥区别在头顶黑，腰灰色，无黑色颊纹。幼鸟似非繁殖羽，但背被羽和覆羽具深褐色鳞状斑。

　　结小群活动于河口、鱼塘、沼泽、湖泊等地带。取食时扎入浅水或低掠水面，主要以小鱼虾为食。

　　在中国繁殖于东北至华南北部；迁徙时经过东部大部分地区。为常见夏候鸟和过境鸟。

　　在阿拉善盟为夏候鸟。贺兰山外缘水域地带可见。

　　世界自然保护联盟（IUCN）评估等级：无危（LC）。

幼，摄于阿拉善左旗巴彦浩特镇生态公园，王志芳

繁殖羽，摄于阿拉善左旗紫泥湖，王志芳

鸽形目

鸠鸽科

102. 岩鸽
（yán gē）

学　名：*Columba rupestris*
英文名：Hill Pigeon

　　岩栖性陆禽，体长 30～32 厘米，雌雄同色。成鸟虹膜红褐色，嘴灰黑色，头部蓝灰色，颈部具紫绿色金属光泽；上背及两翼灰色，飞羽黑褐色，下背白色，腰及尾上覆羽蓝灰色；下体淡灰色。停歇时可见翼上具两道黑色翼斑，尾羽中间白色、端部黑褐色。脚为红色。飞行时，翼下至胁部白色；翼后缘黑褐色；尾中央端具宽阔的白色斑带，尾端黑褐色。

　　喜集群活动。常成小群于草原、农田或公路边上觅食，也常活动于城郊附近。栖于多峭壁的崖洞中。主要以植物种子和果实为食。

　　在国内见于长江以北地区以及西南山地，为常见留鸟或夏候鸟。

　　在阿拉善为留鸟。常见于贺兰山内及外缘地带，种群数量大。

　　世界自然保护联盟（IUCN）评估等级：无危（LC）。

摄于阿拉善左旗巴彦浩特镇西城区，王志芳

摄于贺兰山哈拉乌沟，王志芳

103. 灰斑鸠
（huī bān jiū）

学　名：*Streptopelia decaocto*
英文名：Eurasian Collared Dove

　　树栖性陆禽，体长 30～32 厘米，雌雄同色。全身大致灰粉褐色，后颈具黑色半颈环，颈环外缘白色。背色泽稍深，翼黑褐色。尾下覆羽淡灰蓝，尾羽灰褐色，外侧及末端白色。虹膜红褐色；嘴灰黑色；脚粉红色。

　　多活动于平原及低山林缘、农耕区、村庄等地。以种子、谷物为食。

　　在国内常见于除青藏高原以外的大部分地区，为常见留鸟。

　　在阿拉善盟为留鸟。常见于阿拉善盟全盟范围，数量大。贺兰山外缘地带常见。

　　世界自然保护联盟（IUCN）评估等级：无危（LC）。

幼，摄于贺兰山哈拉乌沟，王志芳　　　　　　摄于贺兰山哈拉乌管护站，王志芳

104. 山斑鸠
（shān bān jiū）

学　名：*Streptopelia orientalis*
英文名：Oriental Turtle Dove

　　树栖性陆禽，体长 30～33 厘米，雌雄同色。头、颈、上体余部粉褐色，颈侧具数道黑白相间的横纹，腰及尾上覆羽具不明显的灰褐色羽缘。尾羽黑褐色，中央尾羽羽端具狭窄的灰白色端斑，其余两侧尾羽具较宽的灰白色端斑。翼上覆羽暗褐色具棕红色羽缘，形成显著的棕色鳞状斑。各级飞羽以黑褐色为主。腹部偏粉灰色，较胸部色浅。尾下覆羽灰白。与欧斑鸠甚似，但体型大，整体羽色有不同。与珠颈斑鸠区别在于颈侧斑块不同。

　　虹膜为红褐色或橙红色；嘴为灰黑色；脚为粉红色。

　　成对活动，多在开阔农耕区、村庄及寺院周围，取食于地面。

　　在国内常见且分布广泛，为留鸟。

　　在阿拉善盟为留鸟，见于全盟范围。贺兰山外缘地带少见。

　　世界自然保护联盟（IUCN）评估等级：无危（LC）。

摄于阿拉善左旗巴彦浩特镇南田湿地，王志芳

105. 珠颈斑鸠
（ zhū jǐng bān jiū ）

学　名：*Spilopelia chinensis*
英文名：Spotted Dove

　　树栖性陆禽，体长 30 ～ 33 厘米，雌雄同色。成鸟全身大致粉褐色，头顶灰，后颈至颈侧有密布白点斑的黑色块斑。体背灰褐具淡色细羽缘，翼及尾羽黑褐色。喉、胸至下腹粉褐色，尾下覆羽灰色，尾羽略长，外侧 3 枚末端白色，停歇前及尾羽张开时可见。幼鸟羽色暗淡，无颈部斑块。虹膜红褐色；嘴黑褐色；脚紫红色。

　　活动于各种环境，特别是人类聚居地附近的农田、村庄周围及稻田。地面取食，受干扰后缓缓振翅，贴地而飞。主要以植物种子、果实和昆虫为食。

　　在国内广泛分布，见于华北及以南，为常见留鸟。

　　在阿拉善盟为留鸟。见于贺兰山外缘地带，数量少，在巴彦浩特镇有繁殖。

　　世界自然保护联盟（IUCN）评估等级：无危（LC）。

摄于阿拉善左旗巴彦浩特镇王陵公园，王志芳

鹃形目

杜鹃科

106. 大杜鹃
（dà dù juān）

学　名：*Cuculus canorus*

英文名：Common Cuckoo

　　中型攀禽，体长32～33厘米的中型杜鹃。眼圈和虹膜黄色。嘴黑褐色，下嘴基部近黄色；雄鸟头顶、枕至后颈灰色，上体暗灰色；尾羽黑褐色，中央尾羽沿羽轴两侧具成对分布的白色细斑点，尾羽末端具白色端斑；下体颏、喉、颈部至上胸部浅灰色，下胸至尾下覆羽白色，腹面具黑色细横纹，胸及两胁横纹较宽，下腹和尾下覆羽细而疏。雌鸟有两种色型：灰色型和棕色型。灰色型雌鸟似雄鸟，但上胸及颈侧沾棕褐色；棕色型头至上体棕红色并密布黑横斑，但腰及尾上覆羽无横斑，尾羽近末端的黑色横带较宽。幼鸟头顶、后颈、背及翅黑褐色，各羽均具白色羽缘，枕部有白色块斑，尾羽黑色而具白色羽端，羽轴及两侧具白色斑块，颏、喉、头侧及上胸黑褐色并具白色杂斑和横斑，其余下体白色，杂以黑褐色横斑。

　　生活在多种环境中，喜开阔的有林地带及大片芦苇地，也见于草原和半荒漠地区。繁殖季节成鸟常在苇莺、鹛类、鹡鸰甚至伯劳、鸦等雀形目鸟类巢中寄生。主要以昆虫及无脊椎动物为食。

　　在国内繁殖于大部分地区，常见。

　　在阿拉善盟为夏候鸟。夏季常见于贺兰山内和外缘地带。

　　世界自然保护联盟（IUCN）评估等级：无危（LC）。

幼，摄于贺兰山前进沟，王志芳

雌，摄于阿拉善左旗巴彦浩特镇南田湿地，王志芳

幼，摄于贺兰山前进沟，王志芳

摄于阿拉善左旗巴彦浩特镇生态公园，林剑声

鸮形目

鸱鸮科

107. 雕鸮
（diāo xiāo）

学　名：*Bubo bubo*
英文名：Eurasian Eagle-owl

大型夜行性猛禽，体长 59 ～ 73 厘米，雌雄同色。体型硕大的鸮类。成鸟整体黄褐色，具深色斑纹，耳羽簇长且色深，虹膜橘黄色。胸、腹部皮黄色具深褐色纵纹，且每片羽毛均具褐色细横斑。脚皮黄色，被毛延伸至脚趾。

常栖于山地森林、草原、荒野、裸露的高山峭壁等地带。夜行性为主，主要以鼠类为食，有时亦捕食雉类、刺猬等。

在国内除台湾和海南外，分布于各省（区、市）。

在阿拉善盟为留鸟。见于贺兰山内及外缘地带。

国家保护等级：Ⅱ级。

世界自然保护联盟（IUCN）评估等级：无危（LC）。

摄于贺兰山南寺，王志芳

108. 纵纹腹小鸮

（zòng wén fù xiǎo xiāo）

学　名：*Athene noctua*
英文名：Little Owl

　　小型夜行性猛禽，体长 20～26 厘米，雌雄同色。体小而无耳羽簇。成鸟头、后颈至体背、尾羽黄褐色，具白色点斑，头顶白色点斑细密；眉纹白色，无显著面盘，眼亮黄而长凝；喉部具一白色细半环，下体白色，具褐色杂斑及纵纹，尾下覆羽白色无斑纹。虹膜亮黄色；嘴角质黄色；脚白色、被羽。

　　常栖息于低山丘陵、草原、平原森林、荒漠半荒漠等地带，喜欢在草原上废弃的房屋内营巢繁殖。昼行性为主，多晨昏活动。主要以鼠类、昆虫为食，亦捕食蜥蜴等。

　　在国内常见于新疆西部及东北到西南的带状区域，为留鸟。

　　在阿拉善盟为留鸟。贺兰山内及外缘地带均可见。

　　国家保护等级：Ⅱ级。

　　世界自然保护联盟（IUCN）评估等级：无危（LC）。

幼，摄于阿拉善左旗双山子，王志芳

摄于贺兰山水磨沟，王志芳

109. 长耳鸮

（cháng ěr xiāo）

学　名：*Asio otus*
英文名：Long-eared Owl

　　中型夜行性猛禽，体长33～40厘米，雌雄同色。体型中等，成鸟棕色面盘显著，外缘黑色和白色细边缘；黑色耳羽簇明显，眼上及眼下连接成"X"形浅棕色斑纹。上体黄褐色，具暗色斑纹；下体皮黄色，具棕色杂纹及褐色纵纹；尾羽黄褐色具深色横纹。飞行时翼端较细及褐色较浓，且翼下白色较少。虹膜橙红色；嘴角质灰色；脚被羽，皮黄。

　　常栖于针叶林等各种森林地带，亦活动于林缘稀疏树林、农田附近。在阿拉善盟常成小群栖于沙枣林中。夜行性为主，主要以鼠类为食。

　　在国内于新疆西北为留鸟，长江以北大部分地区为夏候鸟或留鸟，在繁殖地以南的大部分地区（包括我国台湾地区）为冬候鸟。

　　在阿拉善盟为留鸟。见于贺兰山内及外缘地带。

　　国家保护等级：Ⅱ级。

　　世界自然保护联盟（IUCN）评估等级：无危（LC）。

摄于贺兰山跃进沟，王志芳

幼，摄于贺兰山跃进沟，王志芳

摄于贺兰山跃进沟，王志芳

夜鹰目

夜鹰科

110. 欧夜鹰
（ōu yè yīng）

学　名：*Caprimulgus europaeus*
英文名：European Nightjar

　　夜行性攀禽，体长 25～28 厘米，雌雄同色。整体羽色偏棕灰色。雄鸟头部和上体呈斑驳的灰褐色，脸颊与颏、喉具棕褐色。颊纹白色，下喉具白斑。其余下体灰褐色，带有棕黄色的斑纹。肩羽具有皮黄色纵纹，翼上覆羽灰色且带有棕黄色的斑点，外侧三枚初级飞羽具白斑。尾灰色具黑色横纹，飞行时外侧的两枚尾羽端白。雌鸟无白色。

　　常栖于干燥而开阔的树林、灌丛和荒地。夜行性，飞行敏捷而有力，贴地飞行，速度快。常滚翻飞行于空中追捕飞蛾类昆虫。

　　在中国于新疆和内蒙古西部地区为不常见夏候鸟。

　　在阿拉善盟为夏候鸟。不常见于贺兰山外缘地带。在巴彦浩特镇生态公园有 2 笔记录。

　　世界自然保护联盟（IUCN）评估等级：无危（LC）。

摄于阿拉善左旗巴彦浩特镇生态公园，王志芳

摄于阿拉善左旗巴彦浩特镇西城区，王志芳

雨燕目

雨燕科

111. 普通楼燕
（pǔ tōng lóu yàn）

学　名：*Apus apus*
英文名：Common Swift

　　小型林栖性攀禽，体长 16～17 厘米，雌雄同色。嘴黑色，眼先及颏、喉部灰色，通体深褐色，尾羽深叉形。与白腰雨燕的区别在其腰部无白色，腹部及翼下覆羽并无明显白色羽缘。脚黑色，飞行时不可见。

　　常集大群活动。有时与白腰雨燕混群。栖于多山地区。在高大的建筑物缝隙中营巢，晨昏常结群在巢区附近快速盘旋。

　　在中国繁殖于西北至华北、东北的城镇；南迁至东南亚、澳大利亚或非洲地区越冬。

　　夏季常见于贺兰山内崖壁附近和山的外缘地带。

　　世界自然保护联盟（IUCN）评估等级：无危（LC）。

摄于阿拉善左旗巴彦浩特镇生态公园，王志芳

112. 白腰雨燕
（ bái yāo yǔ yàn ）

学　名：*Apus pacificus*
英文名：Pacific Swift

　　小型林栖性攀禽，体长 17 ～ 18 厘米，雌雄同色。体羽深褐色，喉部色浅，翼下覆羽及腹部羽缘白色呈鱼鳞状斑纹。腰部白色。尾叉深。虹膜深褐色；嘴黑色；脚黑色。

　　成群活动于开阔地区，常常与其他雨燕混合。有时与普通楼燕共同营巢于建筑物上。

　　常见的夏季繁殖鸟。国内繁殖或迁徙经过除青藏高原外的大部分地区。

　　在阿拉善盟为夏候鸟，常见于全盟范围。夏季常见于贺兰山内崖壁附近和山的外缘地带。

　　世界自然保护联盟（IUCN）评估等级：无危（LC）。

摄于阿拉善左旗巴彦浩特镇生态公园，王志芳

摄于阿拉善左旗巴彦浩特镇生态公园，王志芳

佛 法 僧 目

翠鸟科

113. 蓝翡翠

(lán fěi cuì)

学　名：*Halcyon pileata*
英文名：Black-capped Kingfisher

　　中型树栖性攀禽，体长 26～30 厘米，雌雄同色。成鸟头顶至枕部黑色，嘴红色，颊喉至后颈白色，形成白色颈环；翼上覆羽及初级飞羽末端黑色；上体其余部分为亮丽的蓝紫色；喉至胸中央为白色；胸侧及腹以下为鲜艳橙褐色。脚红色。幼鸟羽色较暗淡，上嘴偏黑，颈、胸具鳞纹。飞行时白色翼斑显见。

　　喜大河流两岸、河口及红树林。栖于河上的枝头，捕食鱼虾等小型动物。

　　在国内繁殖于华东、华中及华南从辽宁至甘肃的大部地区以及东南部，包括海南。

　　在阿拉善盟为罕见夏候鸟。夏季偶见于阿拉善左旗巴彦浩特镇南田湿地。

　　世界自然保护联盟（IUCN）评估等级：无危（LC）。

摄于阿拉善左旗巴彦浩特镇南田湿地，林剑声

114. 普通翠鸟
（pǔ tōng cuì niǎo）

学　名：*Alcedo atthis*
英文名：Common Kingfisher

　　小型树栖性攀禽，体长 15 ～ 18 厘米，雌雄同色。成鸟头及翼翡翠绿色，具亮蓝色点斑，眼先及耳羽橘黄色，耳后具白色斑；背至尾羽为有金属色泽的亮蓝色；颏、喉白，胸、腹及整个下体为鲜艳的橙黄色。幼鸟色黯淡少光泽，具深色胸带。飞行快速，上体鲜艳的亮蓝色非常显眼。雄鸟嘴黑色，雌鸟上黑下红；脚红色。

　　栖息于多种类型的水域附近，常在树枝或岩石上站立，观察水中动静，发现小鱼便扎入水中捕食。

　　在国内见于西北和中东部大多数地区，在东北地区为夏候鸟，在不封冻的地区为留鸟。

　　在阿拉善盟为夏候鸟。见于阿拉善左旗贺兰山、贺兰山外缘以及腾格里沙漠等各种水域边。

　　世界自然保护联盟（IUCN）评估等级：无危（LC）。

摄于贺兰山跃进沟，王志芳

犀鸟目

戴 胜 科

115. 戴胜
（dài shèng）

学　名：*Upupa epops*
英文名：Common Hoopoe

中型攀禽，体长 25 ～ 32 厘米，雌雄同色。色彩鲜明，嘴长且下弯，黑色、下嘴基部肉褐色；头顶具棕色丝状冠羽。成鸟头、颈至背及喉、胸为橙褐色；头顶羽冠甚长，张开如扇，羽端黑；两翼及尾羽黑，具醒目的白色宽带，腰白色；腹以下白色。幼鸟羽色较暗淡，白色部分沾褐色，下嘴基近黑，肉色部分较少。飞行时，两翼宽圆，黑白图案醒目。

性活泼，喜开阔潮湿地面，长长的嘴在地面翻动寻找食物。兴奋或有警情时冠羽立起，起飞后松懈下来。

在国内见于绝大多数地区，北方群体冬季南迁。

在阿拉善盟为留鸟，广泛分布于阿拉善盟全盟范围各种环境。

世界自然保护联盟（IUCN）评估等级：无危（LC）。

摄于阿拉善左旗巴彦浩特镇，
王志芳

摄于贺兰山北寺，王志芳

啄木鸟目

啄木鸟科

116. 蚁䴕
（yǐ liè）

学　名：*Jynx torquilla*
英文名：Eurasian Wryneck

　　林栖性小型攀禽，体长 16～17 厘米，雌雄同色。通体灰褐色，嘴角质色、短且呈圆锥形。过眼纹深褐色，头顶、后颈至背灰色，头顶中央一黑色带延伸至背；翼灰褐色，具黑白斑驳斑纹；喉至胸淡黄褐色且具黑褐色细横纹，腹以下污白且具黑褐色细横纹；尾羽灰褐，具黑色细横纹。脚灰褐色。

　　栖于树枝或地面，不攀树，也不錾啄树干取食。通常单独活动，喜活动于灌丛和林缘，多取食地面蚂蚁。

　　在国内繁殖于西北、中北部及东北地区，迁徙时经过大部分地区，越冬于包括我国海南和台湾在内的长江以南大部分地区。

　　在阿拉善盟为旅鸟。迁徙季节见于贺兰山内和外缘地带，数量不多。

　　世界自然保护联盟（IUCN）评估等级：无危（LC）。

摄于贺兰山哈拉乌沟口，王志芳　　　　　　　摄于贺兰山哈拉乌沟口，王志芳

117. 大斑啄木鸟

（dà bān zhuó mù niǎo）

学　名：*Dendrocopos major*
英文名：Great Spotted Woodpecker

　　林栖性中型攀禽，体长20～25厘米，雌雄相似。雄鸟头顶黑色，枕部具狭窄红色带而雌鸟无红色；黑色颊纹延伸至颈侧并向上包围耳羽后缘，但不与黑色的后颈相连，头颈其余部分为淡棕黄色；背部黑色；翼上几枚覆羽全白色而形成白色条带，其余翼覆羽黑色，飞羽黑色具白色点斑；颏、喉至胸部淡棕黄色，下腹至尾下覆羽红色；尾羽黑而外侧尾羽白色且具黑色横纹。雌鸟似雄鸟而枕部黑色。幼鸟头顶部黑色中夹杂有红色。

　　栖息于各种林地，也见于农作区和城市园林绿地，平时多单独活动，繁殖季节成对占领一定面积的巢域。錾树洞营巢，吃食昆虫及树皮下的蛴螬，也下至地面觅食蚂蚁。

　　在国内大部分地区为常见留鸟。

　　在阿拉善盟为留鸟。常见于贺兰山内和外缘地带。

　　世界自然保护联盟（IUCN）评估等级：无危（LC）。

幼，摄于贺兰山南寺冰沟，王志芳

雌，摄于贺兰山南寺冰沟，王志芳

雄，摄于贺兰山南寺冰沟，
王志芳

隼形目

隼 科

118. 红隼
（hóng sǔn）

学　名：*Falco tinnunculus*
英文名：Common Kestrel

　　小型猛禽，体长 31 ～ 38 厘米，眼圈黄色。雄鸟头至后颈灰色，眼下具长而明显的黑色髭纹，脸颊白色；背及翼上覆羽砖红色，并具黑色点斑，飞羽黑色；尾上覆羽及尾羽灰色，尾端部白色并具宽阔的黑色次端带；胸部皮黄色，具黑褐色纵纹，腹、胁及胫羽有稀疏心形斑。雌鸟体型略大，头部灰褐色，脸颊纹路同雄鸟；体背红褐色，密布黑褐色斑纹；尾上覆羽灰色，尾羽红褐色密布黑褐色横斑，尾端白色且宽阔的黑色次端带；喉、胸、腹部皮黄色，腹面纵纹较雄鸟粗而密集，腹、胁及胫羽有稀疏心形斑较多。幼鸟似雌鸟，但体背斑较模糊，尾上覆羽无灰色；腹面纵纹较粗而模糊，心形斑不明显或无。嘴端部灰黑、基部黄色；脚黄色。

　　常单独或成对活动于多草和低矮植被的开阔地带，停歇于电线杆、树桩、枯枝等显眼位置，伺机捕食。常旋停于空中寻找草原上的鼠类和沙蜥等。

　　在国内广泛分布，不同种群迁徙状况各异，但各地各季节均可见。

　　在阿拉善盟为留鸟。在贺兰山内及外缘地带甚常见。

　　国家保护等级：Ⅱ级。

　　世界自然保护联盟（IUCN）评估等级：无危（LC）。

雄，摄于贺兰山跃进沟，王志芳

幼，摄于贺兰山跃进沟，王志芳

雌，摄于贺兰山跃进沟，王志芳

119. 红脚隼

（hóng jiǎo sǔn）

学　名：*Falco amurensis*
英文名：Amur Falcon

　　小型猛禽，体长 25～30 厘米，眼圈橙红色。雄鸟全身大致深灰色，但腹面灰色较浅，下腹及尾下覆羽橙红色；翼下覆羽白色与黑色飞羽对比明显。雌鸟头上至后颈深灰色，额、颊、喉及颈侧白色，眼下有一窄短的髭纹黑色；背暗灰色，具黑色鳞状横斑，尾羽暗灰色具黑色横斑；上胸白色具黑色纵纹，下胸至腹部白色具黑色矛状横斑，下腹至尾下覆羽橙黄色；翼下覆羽白色且具黑色斑点。幼鸟似雌鸟，但头及体背沾褐色，并具淡色羽缘；有白色细眉线，眼圈、蜡膜及脚为橙黄色；腹面较白具黑褐色纵斑；下腹至尾下覆羽橙黄色。飞行时似燕隼，但翼后缘黑色明显，尾羽较长。嘴灰黑色，蜡膜橙红色；脚橙红色。

　　常单独或成对活动于山脚平原、草原、农田耕地等地带。停歇于电线杆、树桩、枯枝等显眼位置，伺机捕食。

　　在国内主要见于东北、华北、华东、华中、东南、华南和西南的大部分地区，在北方繁殖，迁徙经过南方及我国台湾地区。

　　在阿拉善盟为夏候鸟。在贺兰山内及外缘地带常见。

　　国家保护等级：Ⅱ级。

　　世界自然保护联盟（IUCN）评估等级：无危（LC）。

幼，摄于贺兰山跃进沟，王志芳

摄于贺兰山跃进沟，王志芳

120. 灰背隼
（huī bèi sǔn）

学　名：*Falco columbarius*
英文名：Merlin

小型猛禽，体长 24～32 厘米，眼圈黄色。雄鸟头及脸颊蓝灰色，白眉线细而短，眼下方髭纹不明显，眼后有暗色眼纹；喉白，枕部至颈侧橙棕色于前胸橙棕色相连；胸、腹橙棕色，具黑褐色纵斑；体背蓝灰，具黑细轴斑；初级飞羽黑色。雌鸟似雄鸟，但蓝灰色被暗褐色取代，白眉线长而明显；体背具淡色羽缘及点斑，腹面较白，密布暗褐色粗纵斑；尾羽黑褐，具多条淡色横斑。飞行时翼较其他隼宽短，指叉明显。

虹膜为暗褐色；嘴为灰黑色，蜡膜黄色；脚为黄色。

常单独或成对活动于山脚平原、草原、农田耕地等地带。停歇于电线杆、树桩、枯枝等显眼位置，伺机捕食。常贴近地面高速飞行。

在国内于西北地区繁殖、越冬，在东北为旅鸟，在南方越冬。

在阿拉善盟为冬候鸟。少见于阿拉善左旗及贺兰山外缘地带。

国家保护等级：Ⅱ级。

世界自然保护联盟（IUCN）评估等级：无危（LC）。

雄，摄于阿拉善左旗巴彦浩特镇扎海乌苏嘎查，王志芳

雄，摄于阿拉善左旗巴彦浩特镇扎海乌苏嘎查，王志芳

121. 燕隼

（yàn sǔn）

学　名：*Falco subbuteo*
英文名：Eurasian Hobby

　　小型猛禽，体长 32 ～ 37 厘米，雌雄同色。眼圈橙红色。成鸟头至背大致蓝灰色；眼后黑色且延伸到枕后与深色上体相连，具白色细眉纹，眼下方有一长一短粗黑色髭纹斑；脸颊、颏、喉及颈侧白色；胸腹白色，密布黑色纵纹，下腹、腿及尾下覆羽栗红色。幼鸟头及背略沾褐色，具褐色羽缘，下腹至尾下覆羽皮黄色。停歇时，翼尖超出尾端。飞行时翼狭长而尖，后掠明显，似大型雨燕；翼后缘色泽较翼下覆羽浅。

　　常单独或成对活动于山脚平原、草原、农田耕地等地带。多栖息于稀树和低矮植被的开阔生境，于飞行中捕捉昆虫及鸟类，飞行迅速。

　　在国内繁殖于北方大部分地区，多在南方越冬。

　　在阿拉善盟为夏候鸟。在贺兰山内及外缘地带可见。

　　国家保护等级：Ⅱ级。

　　世界自然保护联盟（IUCN）评估等级：无危（LC）。

摄于贺兰山北寺，尚育国

幼，摄于阿拉善左旗巴彦浩特镇贺兰草原，王志芳

122. 猎隼
(liè sǔn)

学　名：*Falco cherrug*
英文名：Saker Falcon

　　中型猛禽，体长 42 ～ 60 厘米，雌雄同色。成鸟头顶褐色具黑褐色细纹，脸颊白色，耳后及颈背斑驳，具不明显至宽阔的白色眉纹，眼下具黑褐色髭纹；上体棕褐色或灰褐色，具黑褐色横斑，不同颜色个体深浅差异较大；两翼飞羽黑褐色；尾羽棕褐色而具黑褐色横斑；颏、喉及上胸白色，其余下体白色而且具黑褐色点斑。幼鸟似成鸟，胸、腹、胫羽及翼下具黑色浓密纵纹。嘴灰色，蜡膜浅黄色；脚浅黄，有被羽。

　　常单独活动于低山丘陵、山脚平原、草原、农田等地带，喜停歇于电线杆、树桩、枯枝等显眼位置，伺机捕食。主要以野兔、鼠类为食。

　　在国内繁殖于西北至东北，部分种群在较南方越冬。

　　在阿拉善盟为留鸟。在贺兰山内及外缘地带可见。

　　国家保护等级：Ⅰ级。

　　世界自然保护联盟（IUCN）评估等级：濒危（EN）。

幼，摄于贺兰山跃进沟，王志芳

摄于贺兰山跃进沟，王志芳

123. 游隼

（yóu sǔn）

学　名：*Falco peregrinus*
英文名：Peregrine Falcon

　　小型猛禽，体长 41 ～ 50 厘米，雌雄异色。眼圈黄色，嘴灰色、蜡膜黄色。雄鸟头黑色，眼下方粗色髭斑粗而明显；脸颊及喉白色；上体深灰具不明显黑色轴斑及浅色羽缘；下体白色，胸侧、腹及胫羽密布黑色细横斑，胸中央为具黑色点斑；尾羽密布暗色横带末端宽。雌鸟似雄鸟，体大，上体略沾褐色，腹面棕褐色较明显，胸中央为黑色细横斑。幼鸟似雌鸟，体带褐色并具淡色羽缘，腹面淡褐色具明显粗纵纹。停歇时翅尖略短于尾尖。脚黄色，有被羽。

　　常栖于多岩山地、低山丘陵、海岸、草原、湖泊、河流等地带。飞行甚快，并从高空呈螺旋形而下猛扑猎物。主要以野兔、鼠类为食。

　　国内于东北地区为旅鸟，西北和西南地区为留鸟。

　　在阿拉善盟为留鸟。见于贺兰山内及外缘地带。

　　国家保护等级：Ⅱ级。

　　世界自然保护联盟（IUCN）评估等级：无危（LC）。

幼，摄于阿拉善左旗巴润别立镇，王志芳　　　　　　摄于贺兰山哈拉乌沟口，王志芳

雀 形 目

伯劳科

124. 虎纹伯劳

（ hǔ wén bó láo ）

学　名：*Lanius tigrinus*
英文名：Tiger Shrike

　　小型林栖性鸣禽，体长 16 ～ 19 厘米，雌雄异色。雄鸟头顶至后颈蓝灰色；具粗大的黑色过眼纹延伸至前额；背、肩至尾上覆羽栗褐色，具黑褐色鳞状斑，飞羽色深，尾羽棕褐色；嘴铅灰色、粗厚，颏、喉、胸、腹及尾下覆羽近白无斑纹。雌鸟似雄鸟，但嘴色较淡仅先端黑色，过眼线色淡且眼先近白；头顶至后颈为不鲜明的鼠灰色；体下污白，两胁具暗色鳞状斑。幼鸟嘴色更淡、先端黑色，过眼纹不明显几近无；头顶至背棕褐色密布暗色鳞状斑；下体皮黄色，胸及两胁密布鳞状斑纹。幼鸟似红尾伯劳幼鸟，无明显过眼线和浑身斑纹较浓郁是显著的区别。脚为灰色。

　　典型的肉食性鸣禽，喜在多林地带栖息，通常在林缘突出树枝上捕食昆虫。不如红尾伯劳显眼，多藏身于林中。主要以甲虫、蝗虫、蛾类等昆虫为食，有时亦食蜥蜴、小型鸟类等。

　　在国内见于东北到华南、西南的大部分地区及我国台湾，主要为夏候鸟，于广东、广西等地为冬候鸟。

　　在阿拉善盟为迷鸟。2012 年 6 月在阿拉善左旗木仁高勒苏木沙井子记录到 1 只。

　　世界自然保护联盟（IUCN）评估等级：无危（LC）。

摄于贺兰山跃进沟，王志芳

125. 牛头伯劳

（niú tóu bó láo）

学　名：*Lanius bucephalus*
英文名：Bull-headed Shrike

　　小型林栖性鸣禽，体长 18～21 厘米，雌雄异色。雄鸟繁殖羽头顶至后颈红棕色，过眼纹黑色，白眉纹窄；肩、背至尾上覆羽灰色，翼黑褐，初级飞羽基部有白斑，尾羽暗灰褐色；嘴铅灰色，颊、颏、喉污白色，下体灰白，体侧淡棕色；非繁殖羽嘴基转淡肉色。雌鸟繁殖羽羽色较淡，无黑色过眼带，耳羽红褐色；体背及尾羽红褐略带灰色，翼无白斑；胸、腹有明显暗色鳞状斑。幼鸟嘴大部分为淡肉色，胸、腹鳞斑更密集，头上及背略具斑纹。与红尾伯劳的区别为：红尾伯劳尾羽红褐色；雄鸟背色略浅，翼无白斑；雌鸟有明显黑色过眼纹，胸、腹暗色鳞斑较少且多集中在腹侧。脚灰色。

　　典型的肉食性鸣禽，常栖于林缘疏林、次生林、农田、村落等地带。

　　在国内主要繁殖于东北及华北地区，在长江以南及我国台湾地区越冬，在秦岭附近有部分留鸟。

　　在阿拉善盟为迷鸟。2014 年 5 月在贺兰山哈拉乌沟记录到 1 只。

　　世界自然保护联盟（IUCN）评估等级：无危（LC）。

雄，摄于贺兰山哈拉乌沟，王志芳

雌，摄于贺兰山樊家营子，王志芳

126. 红尾伯劳

（hóng wěi bó láo）

学　名：*Lanius cristatus*
英文名：Brown Shrike

　　小型林栖性鸣禽，体长 17～20 厘米，雌雄异色。为我国分布最广、数量最多的伯劳，不同亚种间差异较大，在阿拉善盟有两个亚种：普通亚种 lucionensis（灰头红尾伯劳），指名亚种 cristatus（褐头红尾伯劳）。灰头型雄鸟繁殖羽头顶灰，前额及眉线白，过眼纹黑；体背大致灰褐色，翼深褐色，尾上覆羽红褐色，尾羽暗红褐色；颏、喉至颊部白色，体下淡棕褐色，胁部色较浓；非繁殖羽嘴基转为淡肉色。雌鸟繁殖羽额部稍可见灰色，上体暗红褐色，胸、胁部有鳞状斑纹。幼鸟似雌鸟，头顶有暗色细纹，背有暗色鳞斑，翼覆羽及飞羽有淡色羽缘，有黑色过眼带，胸、腹部密布暗色鳞状斑纹。未成年雄鸟腹、胁仍有鳞斑。指名亚种褐头型雄鸟繁殖羽头上至后颈棕红色，有醒目白眉及前额。雌鸟似灰头型雌鸟，头顶及背较红，有鲜明的白眉线。

　　典型的肉食性鸣禽，喜开阔耕地及次生林，包括庭院及人工林。单独栖于灌丛、电线及小树上，捕食飞行中的昆虫或猛扑地面上的昆虫和小动物。

　　在国内繁殖于东北、华北、华中、华东、西南及华南大部分地区。

　　在阿拉善盟为夏候鸟。夏季在贺兰山内和外缘地带较常见。

　　世界自然保护联盟（IUCN）评估等级：无危（LC）。

雌，摄于贺兰山哈拉乌沟，王志芳

摄于贺兰山哈拉乌沟，王志芳

雄，摄于阿拉善左旗巴彦浩特镇，王志芳

127. 荒漠伯劳

（huāng mò bó láo）

学　名：*Lanius isabellinus*
英文名：Isabelline Shrike

　　小型林栖性鸣禽，体长 16～19 厘米，雌雄同色。整体沙棕色，具黑色过眼纹，有的个体过眼纹和嘴基隔开。雄鸟头顶至上背沙棕色或灰色，两翼黑褐色，初级飞羽基部具白斑，尾上覆羽至尾红棕色，尾端具不规则深褐色端斑；脸颊、颏、喉、胸、腹皮黄色，两胁色深染淡红棕色，尾下覆羽白色。雌鸟似雄鸟，但整体色浅，过眼纹灰褐色，上背沙棕色不沾灰；颏、喉、胸部污白，两胁沾棕黄色，胸及两胁具鳞状斑纹。幼鸟似雌鸟，过眼纹色淡不明显，体背和腹部具深色鳞斑。

　　典型的肉食性鸣禽，多单独或成对栖息于旷野、干草场、荒漠和半荒漠的树丛及灌丛地，习性同红尾伯劳。

　　在我国分布于新疆、青海、宁夏、内蒙古等地。

　　在阿拉善盟为夏候鸟。常见于贺兰山外缘地带。

　　世界自然保护联盟（IUCN）评估等级：无危（LC）。

雄，摄于贺兰山水磨沟，王志芳

雌，摄于阿拉善左旗巴彦浩特镇西城区，王志芳

128. 灰背伯劳

（huī bèi bó láo）

学　名：*Lanius tephronotus*
英文名：Grey-backed Shrike

　　中型林栖性鸣禽，体长 22 ～ 25 厘米，雌雄异色。雄鸟前额基部黑色于黑色过眼纹相连接；头顶至下背暗灰色，腰部灰色染有绣棕色；中央尾羽近黑，外侧尾羽深褐色；肩羽与背同色，翼覆羽于飞羽黑褐色，内侧飞羽于大覆羽羽缘淡棕色；脸颊、颏、喉、胸、腹部白色，两胁略带棕红色。雌鸟似雄鸟，但额基部黑色部分较窄，略见白色眉纹；头顶灰色染浅棕色，尾上覆羽夹杂有深色鳞状纹；肩羽暗灰色但染有棕色；下体污白，胸、胁部染锈棕色。幼鸟前额不黑，贯眼纹染褐色，额部、头顶至背羽为灰色染褐色，腰和尾上覆羽满布黑褐色鳞状斑，尾羽灰棕色；喉、胸部污白并隐有鳞状斑，胸以下淡棕色，密布深色鳞斑。

　　典型的肉食性鸣禽，常栖于低山次生阔叶林和混交林的林缘生境，亦见于村寨、农田、稀树草原等生境。主要以昆虫为食。

　　在国内见于内蒙古、甘肃、四川、云南、西藏等地，为夏候鸟。

　　在阿拉善盟为夏候鸟。少见于贺兰山内及外缘地带。

　　世界自然保护联盟（IUCN）评估等级：无危（LC）。

幼，摄于阿拉善左旗巴彦浩特镇生态公园，
王志芳

摄于贺兰山哈拉乌沟，王志芳

129. 灰伯劳
(huī bó láo)

学　名：*Lanius borealis*
英文名：Northern Shrike

中型林栖性鸣禽，体长 22 ～ 27 厘米，雌雄同色。成鸟额部至枕部浅灰色，过眼带黑色，无显著白眉纹；背部浅灰色，两翼多黑色，初级飞羽基部具一甚窄的白色翼斑；尾上覆羽灰色或白色，中央 2 对尾羽黑色，具白色端斑，以此向外，尾羽白色端斑逐次变大，而黑色部分逐次变小，至最外侧尾羽外翈全白，内翈靠端部 1/2 变白，靠根部 1/2 仍为黑色。脸颊、颏部、喉部白色；胸、腹白色具不明显鳞纹。幼鸟似成鸟，胸、腹部鳞状斑纹显著。飞行时，有明显的白色翼带，尾羽宽圆，端部外侧白色；翼下初级覆羽有小量黑色。

虹膜为深褐色；嘴为铅灰色；脚为深灰色。

常栖于低山、丘陵、平原、旷野和农田地带，尤其喜稀疏树木和灌丛的开阔地区。主要以鼠类、小型鸟类、蛙类、蜥蜴、昆虫等为食。

典型的肉食性鸣禽，在国内见于西北、东北及华北部分地区，在西北地区为夏候鸟。

在阿拉善盟为夏候鸟。偶见于阿拉善左旗。

世界自然保护联盟（IUCN）评估等级：无危（LC）。

摄于阿拉善左旗巴彦浩特镇贺兰草原，王志芳

130. 楔尾伯劳

（xiē wěi bó láo）

学　名：*Lanius sphenocercus*
英文名：Chinese Grey Shrike

　　中型林栖性鸣禽，体长 25 ～ 31 厘米，雌雄同色。成鸟过眼纹黑色，前额及眉纹白色；头顶至背及尾上覆羽灰色；两翼黑色具粗长的白色斑块，飞羽末端白色；下颊至整个下体白色；尾较长，中央尾羽最长呈黑色，往外侧尾羽渐短，最外侧 3 枚尾羽为白色。飞行时，有明显的白色宽翼带，尾羽外缘白色。

　　常栖于低山、丘陵、平原、狂野和农田地带，喜悬停在空中振翼寻找猎物，捕食蜥蜴、昆虫或小型鸟类。

　　典型的肉食性鸣禽，在国内繁殖于东北到青海、甘肃一带，在华北、华中至华南及我国台湾地区越冬。

　　在阿拉善盟为常见留鸟。见于贺兰山内及外缘地带。

　　世界自然保护联盟（IUCN）评估等级：无危（LC）。

幼，摄于阿拉善左旗巴彦浩特镇贺兰草原，王志芳　　　　摄于阿拉善左旗巴彦浩特镇敖包沟公园，王志芳

卷尾科

131. 黑卷尾
(hēi juǎn wěi)

学　名：*Dicrurus macrocercus*
英文名：Black Drongo

　　中型林栖性鸣禽，体长 29 ～ 30 厘米，雌雄同色。成鸟通体黑色而具蓝黑色辉光；嘴基有白色小点斑；尾长而叉深，分叉末端略上卷而得名"卷尾"。幼鸟下体羽缘近白色，形成鳞状纹；嘴基白点较明显。虹膜红褐色；嘴黑色；脚黑色。

　　栖于包括农田、果园等各种开阔环境中，常立在小树或电线上。捕食空中飞虫。

　　在国内东北的东部、中西部至西南部地区以及南海和台湾为常见夏候鸟或留鸟。

　　在阿拉善盟为旅鸟，少见于阿拉善左旗，近年在阿拉善左旗只有 3 ～ 4 笔记录。

　　世界自然保护联盟（IUCN）评估等级：无危（LC）。

摄于贺兰山长流水，王志芳

132. 发冠卷尾
（fà guàn juǎn wěi）

学　名：*Dicrurus hottentottus*
英文名：Hair-crested Drongo

　　中型林栖性鸣禽，体长 25～32 厘米，雌雄同色。成鸟通体大致蓝黑色；头上有数枚细长如发的饰羽；除脸、喉及背黑色外，其余部分具宝蓝金属光泽；尾羽长，略分叉，末端甚宽且外侧尾羽由两侧向中部上卷。幼鸟羽色较暗淡，体羽夹杂黑褐色，少宝蓝金属光泽；头上较长饰羽较短或者不明显。

　　常栖于多种开阔林地或林缘，捕食昆虫。

　　在国内为东北的东部、中西部至西南部地区的夏季山地繁殖鸟，从我国台湾、海南过境，在云南西南部为留鸟。

　　在阿拉善盟为旅鸟。极少见。偶见于巴彦浩特镇鄂博沟。

　　世界自然保护联盟（IUCN）评估等级：无危（LC）。

摄于阿拉善左旗巴彦浩特镇敖包沟公园，王志芳

鸦 科

133. 喜鹊
（xǐ què）

学　名：*Pica serica*
英文名：Oriental Magpie

　　大型树栖性鸣禽，体长 38～48 厘米，雌雄同色。成鸟头、颈、胸及背黑色，肩羽及腹白色，翼及尾羽为有光泽的深蓝色，尾下覆羽黑，尾羽甚长，两侧渐短。飞行时，背两侧的白色肩羽与初级飞羽大片白斑非常醒目。

　　适应性强，活动于林地、湿地、农田、村庄、城市等各种生境。杂食性，领域意识很强，常主动攻击猛禽。

　　在国内分布广泛而常见，为留鸟。

　　在阿拉善盟为常见留鸟。极常见于贺兰山内及外缘地带。

　　世界自然保护联盟（IUCN）评估等级：无危（LC）。

摄于贺兰山南寺，王志芳

摄于贺兰山南寺，王志芳

134. 红嘴山鸦

（hóng zuǐ shān yā）

学　名：*Pyrrhocorax pyrrhocorax*
英文名：Red-billed Chough

　　大型地栖性鸣禽，体长 36～47 厘米，雌雄同色。成鸟嘴鲜红色而下弯；全身黑色，两翼闪紫黑色金属光泽，尾短，脚红色。幼鸟似成鸟但嘴颜色较淡偏黄色。

　　栖息于丘陵、山地、草场、裸岩、荒漠、草甸等开阔生境，多集大群。性嘈杂，杂食性。

　　在国内主要分布于西部、华中至华北，以及东北部分地区，为区域性常见留鸟。

　　在阿拉善盟为留鸟。主要常见于贺兰山内及外缘地带。

　　世界自然保护联盟（IUCN）评估等级：无危（LC）。

摄于贺兰山水磨沟，王志芳

幼，摄于贺兰山北寺，王志芳

135. 小嘴乌鸦
（xiǎo zuǐ wū yā）

学　名：*Corvus corone*
英文名：Carrion Crow

　　大型树栖性鸣禽，体长 44～54 厘米，雌雄同色。成鸟纯黑色而泛蓝色光泽，前额较平，嘴粗大，但不如大嘴乌鸦厚实，且嘴峰较直，嘴基披黑色羽毛。

　　栖息于低山、丘陵、平原以及河流的疏林、林缘和田野。也见于城市和村落。

　　国内见于除青藏高原西部之外的大部分地区，多为常见留鸟（冬季做短距离迁徙），南方少数地区为冬候鸟。

　　在阿拉善盟为留鸟。见于贺兰山内及外缘地带。

　　世界自然保护联盟（IUCN）评估等级：无危（LC）。

摄于贺兰山水磨沟，王志芳

136. 大嘴乌鸦
（dà zuǐ wū yā）

学　名：*Corvus macrorhynchos*
英文名：Large-billed Crow

　　大型树栖性鸣禽，体长 45 ～ 54 厘米，雌雄同色。成鸟体型粗壮，嘴大粗厚，嘴峰略弯曲，前额拱起，嘴峰与前额成明显夹角，停歇时极为明显。全身羽毛黑亮，具紫黑金属光泽，尾较长，成圆凸形。与小嘴乌鸦的区别在嘴粗厚而尾圆，头顶更显圆拱形。

　　见于低山和平原的林地、湿地、城镇等各种生境，喜集大群。寺庙周围尤其容易见。

　　国内见于除新疆、青藏高原西部之外的大部分地区，包括我国海南和台湾，为常见留鸟。

　　在阿拉善盟为常见留鸟。极常见于贺兰山内和外缘地带。

　　世界自然保护联盟（IUCN）评估等级：无危（LC）。

摄于贺兰山南寺，王志芳

太平鸟科

137. 太平鸟
(tài píng niǎo)

学　名：*Bombycilla garrulus*
英文名：Bohemian Waxwing

小型林栖性鸣禽，体长 16 ～ 21 厘米，雌雄同色。成鸟头部红褐色，头顶具一簇显著羽冠，黑色贯眼纹从嘴基延伸至后枕。颏、喉黑色，胸、腹部红褐或黄褐色，尾下覆羽栗红色；后颈及上背部为棕褐色，翼外缘黑色，次级飞羽的羽端具白色、红色点斑，初级飞羽羽端外侧黄色而成翼外缘上的黄色带。腰及尾上覆羽灰褐色，尾羽灰褐色尖端具明黄色端带和黑色次端带。

常栖于针叶林、阔叶林、针阔混交林和杨、桦林，喜结小群，停歇于高高的树枝头。也喜欢穿梭于沙枣树林，以沙枣为食。

国内见于新疆西部和从东北到华中、华东的广泛地区及我国台湾地区，为冬候鸟和旅鸟。

在阿拉善盟为冬候鸟。冬季极常见于贺兰山外缘地带，巴彦浩特镇有很大的群体。

世界自然保护联盟（IUCN）评估等级：无危（LC）。

摄于贺兰山哈拉乌沟，王志芳

摄于贺兰山哈拉乌沟，王志芳

摄于阿拉善左旗巴彦浩特镇生态公园，王志芳

138. 小太平鸟
（xiǎo tài píng niǎo）

学　名：*Bombycilla japonica*
英文名：Japanese Waxwing

　　小型林栖性鸣禽，体长 16～20 厘米，雌雄同色。成鸟头部红褐色，头顶具一簇显著羽冠；虹膜红褐色，黑色贯眼纹从嘴基延伸至后枕；嘴黑色、下嘴基部具一白色小点斑；颏、喉黑色，胸、腹部红褐或黄褐色；尾下覆羽栗红色；后颈及上背部为棕褐色；翼上大覆羽端部略带红色，翼外缘黑色，次级飞羽的羽端具蜡样红色点斑，初级飞羽羽端外侧白色而成翼外缘上的白色带；腰及尾上覆羽灰褐色，尾羽灰褐色尖端具红色端带和黑色次端带。与太平鸟的区别为尾尖为红色端带。

　　常栖于针叶林、阔叶林、针阔混交林和杨、桦林。有时亦见于果园、城市公园等生境。

　　国内见于东北到华南的广泛区域，为冬候鸟和旅鸟。

　　在阿拉善盟为旅鸟。极少数与太平鸟混群迁徙，见于巴彦浩特镇。

　　世界自然保护联盟（IUCN）评估等级：无危（LC）。

摄于阿拉善左旗巴彦浩特镇王陵公园，王志芳

摄于阿拉善左旗巴彦浩特镇王陵公园，王志芳

山雀科

139. 煤山雀
（méi shān què）

学　名：*Periparus ater*
英文名：Coal Tit

　　小型树栖性鸣禽，体长 10～12 厘米，雌雄同色。成鸟头颈部黑色并具蓝色金属光泽，头顶具短的黑色羽冠，羽冠下方至后颈中央白色，脸颊至颈侧白色。背部大致蓝灰色，翼及尾羽色深，翼上具两道白色翼带。嘴黑色，颏、喉至上胸黑色，下体淡棕黄色。脚铅灰色。

　　栖息于阔叶林、针阔混交林、针叶林等多种林相。也见于竹林、人工林、次生林和林缘灌丛。

　　国内常见，分布于东北经秦岭至西南，东南部分地区及我国台湾地区，以及新疆北部，为留鸟。亚种众多。

　　在阿拉善盟为留鸟，常见于贺兰山内，冬季有个别个体到贺兰山外缘地带城市公园。

　　世界自然保护联盟（IUCN）评估等级：无危（LC）。

摄于贺兰山樊家营子，王志芳

繁殖羽，摄于贺兰山哈拉乌沟，王志芳

140. 褐头山雀
（hè tóu shān què）

学　名：*Poecile montanus*
英文名：Willow Tit

　　小型树栖性鸣禽，体长 11 ～ 13 厘米，雌雄同色。成鸟头顶至枕部及颏、喉部棕褐色，嘴略黑，脸颊、耳羽至颈后侧白色；上体灰褐色，两翼及尾羽稍深；下体近白，两胁淡棕褐色。脚为铅灰色。

　　栖息于阔叶林、针阔混交林、针叶林等多种林相。也见于竹林、人工林、次生林和林缘灌丛。

　　国内常见于新疆北部及东北至西南的带状区域，为留鸟。

　　在阿拉善盟为常见留鸟，分布于贺兰山。

　　世界自然保护联盟（IUCN）评估等级：无危（LC）。

摄于贺兰山哈拉乌沟，王志芳

摄于贺兰山樊家营子，王志芳

141. 大山雀
（dà shān què）

学　名：*Parus cinereus*
英文名：Cinereous Tit

　　小型树栖性鸣禽，体长 13～14 厘米。雄鸟头至喉黑色具金属光泽，脸颊至耳羽为白色，后颈具白板块；上背黄绿色，上体其余部分为灰色，大覆羽深灰色而末端白色，形成一条醒目的白色条纹，飞羽及尾羽深灰色外翈蓝灰色，最外侧尾羽白色；下体白色，中央有一道黑色带沿胸而下直至腹下，尾下覆羽白色。雌鸟似雄鸟而下体黑色纵纹较细。幼鸟脸颊及下腹白色染淡黄色。

　　栖息于阔叶林、针阔混交林、针叶林中。也见于城市公园人造林。

　　大山雀亚种（*P. minor*），主要分布于我国的华中、华东、华北及东北，为留鸟。

　　在内蒙古阿拉善盟为留鸟。见于贺兰山及山外缘地带的公园、人造林。

　　世界自然保护联盟（IUCN）评估等级：无危（LC）。

雄，摄于贺兰山北寺，王志芳

雌，摄于贺兰山北寺，王志芳

幼，摄于贺兰山南寺，王志芳

攀雀科

142. 白冠攀雀
(bái guàn pān què)

学　名：*Remiz coronatus*
英文名：White-crowned Penduline Tit

　　小型树栖性鸣禽，体长 10～11 厘米。*Stoliczkae* 亚种雄鸟繁殖羽头顶至枕部以及颈部、下颊、颏、喉部为灰白色，前额、眼先至耳羽、脸颊为黑色，形成黑色脸罩，嘴铅灰色，短而尖细；上背为栗褐色；大覆羽黑褐色具淡褐羽缘，飞羽及尾羽深棕褐色而外翈灰白色；下体白色而两胁淡皮黄色；非繁殖羽头顶具黑色杂斑，黑色贯眼纹变浅，腹部皮黄色较多。雌鸟似雄鸟但黑色脸罩范围较小，上背栗色较少。幼鸟体色大部分皮黄色而面罩不明显。*Coronatus* 亚种雄鸟繁殖羽头部黑色范围大，延伸至后枕。

　　虹膜为深褐色；嘴为铅灰色；脚为灰黑色。

　　栖息在开阔平原、半荒漠地区的疏林内，特喜芦苇地栖息环境。繁殖期以外多集小群活动。

　　在国内见于新疆北部、内蒙古西部及宁夏（*Stoliczkae* 亚种），为夏候鸟。

　　在阿拉善盟为旅鸟。少见于阿拉善左旗和额济纳旗。

　　世界自然保护联盟（IUCN）评估等级：无危（LC）。

雄，摄于阿拉善左旗巴彦浩特镇生态公园，王志芳

143. 中华攀雀
（zhōng huá pān què）

学　名：*Remiz consobrinus*
英文名：Chinese Penduline Tit

　　小型树栖性鸣禽，体长 11 厘米。雄鸟头顶至后颈为淡灰色，额基、眼先黑色延伸至耳羽，形成黑色宽过眼带，眉线灰白，颊下缘白色，颈后至颈侧棕灰色，形成半圆形颈圈；嘴铅灰色，短小而尖细，呈锥状；上背为栗褐色，下背、腰、尾上覆羽淡棕褐色；大覆羽黑褐色具淡褐羽缘，飞羽及尾羽深棕褐色而外翈灰白色；下体淡黄色，胁部色深，喉部较白。雌鸟头顶至后颈灰褐色，眉线淡褐色；其余与雄鸟相似，但羽色略淡而少光泽。幼鸟色暗，嘴基黄褐，过眼带模糊或无。

　　虹膜为深褐色；嘴为铅灰色；脚为灰黑色。

　　栖息在开阔平原、半荒漠地区的疏林内，特喜芦苇地栖息环境。繁殖期以外多集小群活动。

　　在中国繁殖于东北，迁徙至华北、华东，至长江中下游越冬。

　　在阿拉善盟为旅鸟。见于阿拉善左旗和额济纳旗。

　　世界自然保护联盟（IUCN）评估等级：无危（LC）。

摄于贺兰山水磨沟，王志芳

摄于贺兰山水磨沟，王志芳

文须雀科

144. 文须雀
（wén xū què）

学　名：*Panurus biarmicus*
英文名：Bearded Reedling

　　小型鸣禽，体长 17 厘米，雌雄同色，只有头部不同。雄鸟头青灰色，眼先至颊部具黑色锥形髭纹并向下形成胡须状；背部、腰及尾上覆羽棕黄色；翼覆羽黑色外缘棕黄色，停歇时几乎看不到黑色，飞羽由黑、棕黄、白三色组成，形成漂亮的三色长条斑纹；尾羽棕黄色，中央尾羽长，外侧尾羽渐短，最外侧尾羽白色；颏、喉至上胸白色，下胸及腹部中央淡棕黄色，两胁颜色与背部相同，尾下覆羽黑色。雌鸟头部至喉、上胸烟灰色略沾棕黄，全身整体色淡，无黑胡须。虹膜为黄色；嘴为橙黄色；脚为黑色。

　　栖息于湖泊及河流沿岸的芦苇沼泽中，喜欢在接近水面的芦苇下觅食。喜结大群。

　　地区性常见鸟。国内见于北方大部分多芦苇的湿地生境。冬季短距离南迁。

　　在阿拉善盟为留鸟。在贺兰山外缘地带各种水域的芦苇丛里易见。

　　世界自然保护联盟（IUCN）评估等级：无危（LC）。

雄，摄于贺兰山哈拉乌沟，王志芳

雌，摄于贺兰山哈拉乌沟，王志芳

幼，摄于阿拉善左旗通古淖尔湖，王志芳

百灵科

145. 云雀
（yún què）

学　名: *Alauda arvensis*
英文名: Eurasian Skylark

　　小型地栖性鸣禽，体长 17～19 厘米，雌雄同色。成鸟头部密布显著的黑色纵纹，并具短冠羽，受惊吓时竖起；眼先、眉纹及眼圈淡皮黄色，脸颊及耳羽沙棕；上体大致土褐色，具黑褐色轴斑及淡色羽缘，翼黑褐，次级飞羽具近白色端斑，飞行时可见白色翼后缘；尾羽黑褐，中央尾羽有红褐色羽缘，外侧尾羽白色；体下灰白，胸及胁略带黄褐色，喉具不明显黑色细纵纹，胸密布黑纵斑且延伸至胁。幼鸟体背斑驳，有明显白色羽缘及黑褐色轴斑。本种体色与土地、荒草的颜色甚接近，停歇潜藏于其中时不易被发现。与小云雀易混淆但体型较大，后翼缘较白且叫声也不同；小云雀嘴较粗长，初级飞羽突出较短，喉较素净，黑细纵纹甚少或无，飞行时翼后缘淡色非白色。

　　栖于开阔的平原、草地、沼泽、农田等生境。以活泼悦耳的鸣声著称，繁殖期鸣唱声响亮而多变，同时伴有典型的炫耀行为。受惊吓时冠羽竖起并潜伏草丛中或快速奔跑。

　　在我国繁殖于黑龙江、吉林、内蒙古、河北及新疆等地，越冬于我国的辽宁、河北南部、黄河中下游和长江中下游地区及广东、香港。

　　在阿拉善盟为留鸟。在贺兰山外缘地带可见。

　　国家保护等级：Ⅱ级。

　　世界自然保护联盟（IUCN）评估等级：无危（LC）。

摄于贺兰山哈拉乌沟，王志芳　　　　　　　　　摄于贺兰山哈拉乌沟，王志芳

146. 凤头百灵
（fèng tóu bǎi líng）

学　名：*Galerida cristata*
英文名：Crested Lark

　　小型地栖性鸣禽，体长 16～19 厘米，雌雄同色。成鸟嘴略长而下弯，头顶冠羽长而窄，冠羽收起时亦明显可见；上体大致沙褐色，具深褐色轴斑及沙褐色羽缘，体色似云雀但轴斑较云雀色淡，次级飞羽无白色端斑，飞行时无白色翼后缘，且翼下覆羽为棕红色。下体浅皮黄，胸密布近黑色纵纹；尾羽深褐而两侧黄褐，无白色部分。

　　栖于干旱平原、草地和半荒漠地区。一般单独或者集小群在草地上觅食，觅食时全身蜷缩低俯于地面。于高空飞行时鸣唱，鸣声甜美而哀婉，不断重复且间杂着颤音，有多种叫声。

　　在国内常见于西北、华北各地的适宜生境，为留鸟。

　　在阿拉善盟为留鸟。在贺兰山外缘地带甚常见。

　　世界自然保护联盟（IUCN）评估等级：无危（LC）。

摄于贺兰山水磨沟，王志芳

幼，摄于贺兰山水磨沟，王志芳

147. 角百灵
（jiǎo bǎi líng）

学　名：*Eremophila alpestris*
英文名：Horned Lark

　　小型鸣禽，体长 15～19 厘米，雌雄稍异，头胸部具鲜明的黑白图纹。雄鸟上体棕褐色，前额白色，顶端红褐色，在前额和顶端中间有一道宽阔的黑色带纹，带纹的后两侧有黑色羽簇凸起于头后如角；脸颊白色并具黑色斑块延伸至眼先，于嘴基上部两边黑色相连接；喉、下胸、腹部至尾下覆羽白色，前胸具一宽阔而清晰的黑色横带，胸侧及两胁棕褐色；中央尾羽棕褐色，两侧尾羽黑色，最外侧尾羽外缘白色。雌鸟羽簇较短，黑色胸带稍细。幼鸟色暗（且无"角"），但头部图纹仍可见。飞行时翼下白色。

　　栖于干旱或半干旱平原、荒漠和草原。非繁殖期喜集群，主要在地面活动。

　　亚种较多，国内有 8 个亚种，主要分布于西部地区，为留鸟。

　　在阿拉善盟为留鸟。在贺兰山外缘甚常见。

　　世界自然保护联盟（IUCN）评估等级：无危（LC）。

雄，摄于贺兰山哈拉乌沟，王志芳

雌，摄于贺兰山哈拉乌沟，王志芳

148. 短趾百灵

（duǎn zhǐ bǎi líng）

学　名：*Alaudala cheleensis*
英文名：Asian Short-toed Lark

　　小型地栖性鸣禽，体长 13 ～ 14 厘米，雌雄同色。成鸟嘴粗短呈锥形，粗眉纹及眼圈均为皮黄色，耳羽沙棕色。上体大致沙褐色，头上及背均具黑褐色纵纹，翼黑褐，具淡色羽缘，有两条不明显淡色翼带。下体白色，上胸部散布黑色细纵纹，下胸及两胁皮黄色。尾羽黑褐色，最外侧 1 对尾羽白色。停歇时，三级飞羽较短、不及初级飞羽羽端甚远。无冠羽，野外观察常可见头顶部羽毛竖起。飞行时，翼后缘无白色。嘴为黄褐色；脚为肉粉色。

　　栖于半荒漠草原、沙漠、河流旁沙砾地或草地等环境。喜欢结群在草原上飞来飞去。飞行时在空中发出"特尔"的短促叫声。清晨喜欢鸣叫，发出悦耳动听的婉转叫声。

　　甚常见。国内除秦岭—淮河线以南各省外均有记录，一般在西部地区为留鸟，东北、华北地区为候鸟。

　　在阿拉善盟为留鸟。在贺兰山外缘地带常见，一般结群活动。

　　世界自然保护联盟（IUCN）评估等级：无危（LC）。

幼，摄于贺兰山跃进沟，王志芳

摄于贺兰山跃进沟，王志芳

摄于阿拉善左旗巴彦浩特镇西城区，王志芳

鹎 科

149. 白头鹎
（bái tóu bēi）

学　名：*Pycnonotus sinensis*
英文名：Light-vented Bulbul

　　小型林栖性鸣禽，体长 17～21 厘米，雌雄同色。成鸟头部额至头顶黑色，脸侧近黑，眼后具白色斑延伸至枕部相连形成枕环，耳羽浅灰色端部白；上体灰褐色，翼及尾羽黄绿色；颏、喉白色，胸及胁灰褐色，下体白色。嘴黑色；脚黑色。

　　栖息于各种林地、灌丛、农田、城市公园等。性情活泼、不畏人。 杂食性，既食动物性食物，也吃植物性食物。

　　在中国分布于东部和云南、贵州、四川及海南，近年来向北扩张到辽宁，并在北方形成稳定种群。在宁夏银川为留鸟，较常见。

　　偶见于阿拉善左旗木仁高勒苏木沙井子。

　　世界自然保护联盟（IUCN）评估等级：无危（LC）。

摄于贺兰山前进沟，王志芳

燕 科

150. 崖沙燕
（yá shā yàn）

学　名：*Riparia riparia*
英文名：Sand Martin

　　小型鸣禽，体长 11～14 厘米，雌雄同色。成鸟上体大致为褐色，飞羽色深；眼先黑褐色，喉及颈侧白色；胸前具一道"T"形的褐色胸带；腹和尾下覆羽白色；尾羽褐色呈浅叉状，近方形。幼鸟体背具淡色羽缘，喉淡黄褐色，"T"形纹不明显，仅以横带呈现。嘴为黑色；脚为灰黑色。

　　成群栖息于湖泊、沼泽及河流之上的沙滩、沙丘和沙质岩坡及周边的电线上。一般成群在较陡的岸边悬崖上筑巢。

　　国内除西南地区外，广泛分布，为常见夏候鸟及留鸟。

　　在阿拉善盟为夏候鸟。夏季在贺兰山内和外缘地带均常见。

　　世界自然保护联盟（IUCN）评估等级：无危（LC）。

摄于阿拉善左旗巴彦浩特镇西城区，林剑声

摄于阿拉善左旗巴彦浩特镇西城区，王志芳

雏，摄于阿拉善左旗锡林高勒，王志芳

151. 家燕
(jiā yàn)

学　名: *Hirundo rustica*
英文名: Barn Swallow

　　小型鸣禽，体长 15～19 厘米，雌雄同色。成鸟头及上体蓝黑色，闪金属光泽，额及喉部栗红色，上胸具黑色胸带，与喉部栗红色相接；小胸至腹污白沾皮黄，尾下覆羽沾棕黄，尾羽分叉深，除中央一对外，各羽近末端处有白斑，外侧尾羽甚长呈针状突出，雄鸟针状尾羽较长。幼鸟体背具淡色羽缘，夹杂褐色斑，黑胸带不完整且带褐色，外侧尾羽甚短。此阶段极易与洋燕混淆。飞行时，翼下覆羽浅褐色。

　　喜欢栖息在人类居住的乡村和城镇里。巢为碗状，常筑在屋檐下，常低飞捕捉小昆虫。

　　在国内常见于各省（区、市），为夏候鸟；指名亚种繁殖于中国西北。

　　在阿拉善盟为夏候鸟。夏季在贺兰山外缘地带常见。

　　世界自然保护联盟（IUCN）评估等级：无危（LC）。

雄，摄于阿拉善左旗巴彦浩特镇中水水库，王志芳

幼，摄于阿拉善左旗巴彦浩特镇南田湿地，王志芳

雌，摄于阿拉善左旗巴彦浩特镇中水水库，王志芳

152. 岩燕
（yán yàn）

学　名：*Ptyonoprogne rupestris*
英文名：Eurasian Crag Martin

　　小型鸣禽，体长 13 ～ 16 厘米，雌雄同色。头顶、头侧、上体及翼上覆羽呈单调的灰褐色，眼先及初级飞羽为深褐色。颏、喉、胸近白色，部分个体喉部具黑褐色细纵纹，腹部褐色，尾下覆羽深褐色。尾羽灰褐色，尾端（停歇时初级飞羽尖端明显超过尾端）呈极浅的凹形。飞行时，尾羽中部具明显的白斑。

　　栖于山区岩崖及干旱河谷。主要生境为海拔 1000 ～ 5000 米的山地，特别是在近水源的陡峭悬崖附近较为常见。栖息于山崖，以蚊、蝇及虻等昆虫为食。

　　在国内除东北、华南和西部部分地区之外皆有分布，为区域性常见夏候鸟或留鸟。

　　在阿拉善盟为夏候鸟。见于贺兰山。

　　世界自然保护联盟（IUCN）评估等级：无危（LC）。

摄于贺兰山南寺冰沟，王志芳

摄于贺兰山哈拉乌沟，王志芳

长尾山雀科

153. 北长尾山雀
（běi cháng wěi shān què）

学　名：*Aegithalos caudatus*
英文名：Long-tailed Tit

　　林栖性小型鸣禽，体长 13 ～ 16 厘米，雌雄同色。头颈部至胸部均为白色，嘴短小；后颈至背、腰、尾上覆羽均为黑色，肩羽粉褐色，翼上大覆羽及飞羽黑色，次级、三级飞羽外翈白色。下体粉褐色。尾甚长，黑色，外侧尾羽白色。

　　虹膜为深褐色；嘴为黑色；脚为铅黑色。

　　栖息于针叶林和针阔混交林中。性活泼，结小群在树冠层及低矮树丛中找食昆虫及种子。夜宿时挤成一排。

　　在国内见于东北和西北地区。

　　在阿拉善盟为留鸟。少见于阿拉善左旗。巴彦浩特镇 2014—2016 年冬天于巴彦浩特镇生态公园及西环路人工种植的针叶林中有记录。

　　世界自然保护联盟（IUCN）评估等级：无危（LC）。

摄于阿拉善左旗巴彦浩特镇生态公园，王志芳

摄于阿拉善左旗巴彦浩特镇生态公园，王志芳

154. 银喉长尾山雀
（ yín hóu cháng wěi shān què ）

学　名：*Aegithalos glaucogularis*
英文名：Silver-throated Bushtit

　　林栖性小型鸣禽，体长 13～16 厘米，雌雄同色。嘴短小，尾甚长，前额及眼先皮黄色，耳羽及脸颊淡棕色，头顶至后颈黑色，顶冠纹白色；上体、腰及尾上覆羽均灰蓝色，翼上覆羽黑色，飞羽深褐色外翈白色。颏污白，喉具黑斑，下体粉褐色。尾羽黑色，外侧尾羽白色。

　　栖息于针叶林和针阔混交林中。性活泼，结小群在树冠层及低矮树丛中找食昆虫及种子。

　　中国鸟类特有种，见于黄河流域至长江流域和新疆，为留鸟。

　　在阿拉善盟为留鸟。见于阿拉善左旗沿山一带，夏季在贺兰山繁殖。

　　世界自然保护联盟（IUCN）评估等级：无危（LC）。

摄于贺兰山水磨沟，王志芳

摄于贺兰山水磨沟，王志芳

155. 凤头雀莺
（fèng tóu què yīng）

学　名：*Leptopoecile elegans*
英文名：Crested Tit Warbler

　　小型林栖性鸣禽，体长 9～11 厘米，雌雄异色。雄鸟头顶具白色冠羽长至后枕，头侧、脸颊、颊、喉及颈部均为栗红色，颊、喉部色淡；上背、腰部及翼上覆羽为钴蓝色或蓝绿色，尾羽为黑褐色，具较宽的钴蓝色外翈；下体自胸部向下栗棕色渐淡，至尾下覆羽为皮黄色。雌鸟顶冠为暗灰色，具较长的黑褐色眉纹，眼先亦为暗褐色；颊、耳羽及下体主要为灰白色，两胁及尾下覆羽略带淡紫色。

　　栖息于海拔 2700 米以上的云杉、冷杉林、针叶林和林缘灌丛中。

　　中国鸟类特有种，分布于西藏东南部、四川西部、青海、甘肃及贺兰山地区。

　　在阿拉善盟为留鸟。见于贺兰山。

　　世界自然保护联盟（IUCN）评估等级：无危（LC）。

雄，摄于贺兰山前进沟，王志芳　　　　　　　雌，摄于贺兰山哈拉乌沟，王志芳

柳莺科

156. 橙斑翅柳莺
（chéng bān chì liǔ yīng）

学　名：*Phylloscopus pulcher*
英文名：Buff-barred Warbler

　　小型食虫鸣禽，体长 9～11 厘米，雌雄同色。成鸟头顶至枕部灰绿色，具不明显的淡黄色或灰色顶冠纹，眉纹淡黄绿色，贯眼纹暗绿色至近黑色；背部橄榄绿色，腰淡黄色；两翼大致为暗褐色，具绿色外翈羽缘；大覆羽和中覆羽具橙黄色端斑，形成两道橙黄色翼斑（中覆羽形成的翼斑有时甚窄，或不可见）；三级飞羽具近白色端斑，俯视时较为明显。尾羽暗褐色，外侧数枚尾羽大部分为白色。下体呈淡灰绿色，有些个体呈灰白色，两胁略带淡黄色。本种橙黄色的翼斑及白色的外侧尾羽为重要特征，在野外不难与其他相似的小型柳莺区分。虹膜褐色；嘴黑色、下嘴基色浅；脚褐色。

　　栖于海拔 300~4000 米落叶松及松林。惧生。常加入混合群。为性情活泼的林栖型莺。

　　甚常见的季候鸟。指名亚种繁殖于中国西北。

　　在阿拉善盟为旅鸟。见于贺兰山。

　　世界自然保护联盟（IUCN）评估等级：无危（LC）。

摄于阿拉善左旗巴彦浩特镇生态公园，王志芳　　　　　摄于贺兰山哈拉乌沟，王志芳

157. 淡眉柳莺
（dàn méi liǔ yīng）

学　名：*Phylloscopus humei*
英文名：Hume's Leaf Warbler

　　小型食虫鸣禽，体长 10～11 厘米，雌雄同色。嘴黑色，仅下嘴基少许橙黄色，脚黑褐色至黑色，羽色较暗淡、偏灰色调，尤其是头上至后颈灰色与背及覆羽橄榄绿色对比强烈。脸色较平淡，对比不强，眉纹黄色较少，呈灰白或略沾皮黄，在眼后较宽，延伸至眼前，较细，2 条眉纹在前额交汇，完全相连，贯眼纹色深。头顶黑褐色或橄榄褐色，具淡色顶冠纹且模糊不明显。三级飞羽及翼覆羽暗色较浅，第一条翼带比第二条翼带细短而不明显，次级飞羽基部暗色部分较狭窄，三级飞羽淡色羽缘较窄而不明显。无浅色腰，尾近黑、外翈绿黄色；下体灰白色略沾黄绿，尾下覆羽白色。甚似黄眉柳莺但色较暗而多灰色，上体橄榄绿，虹膜褐色；嘴黑色、下嘴基黄色；脚褐色。

　　繁殖于 1000 米以上的林地及灌丛，会与其他柳莺混群。性情活泼，捕捉昆虫为食。

　　甚常见的季候鸟。指名亚种繁殖于中国西北。

　　在阿拉善盟为夏候鸟。常见于贺兰山。

　　世界自然保护联盟（IUCN）评估等级：无危（LC）。

摄于贺兰山樊家营子，王志芳

摄于贺兰山黄土梁子，王志芳

158. 黄眉柳莺
（huáng méi liǔ yīng）

学　名：*Phylloscopus inornatus*
英文名：Yellow-browed Warbler

　　小型食虫鸣禽，体长 10～11 厘米，雌雄同色。成鸟头上为暗橄榄绿色沾褐色，具不明显顶冠纹；有长而宽的黄白色眉纹，在眼前略膨胀发散，2 条眉纹在前额甚少相连；黑色过眼线延伸至枕部。上体鲜艳橄榄绿色，翼覆羽黑褐色，大覆羽、中覆羽羽端白色，形成 2 道明显的近白色翼带；飞羽黑褐色，外翈羽缘黄绿色，内侧飞羽端部白色；尾黑褐色，各羽外翈羽缘黄绿色。下体灰白色，胸、两胁和尾下覆羽沾黄绿色。虹膜暗褐色；嘴上嘴色深，下嘴基黄色；脚肉褐色。

　　性情活泼，常结群且与其他小型食虫鸟类混合，栖于森林的中上层。

　　国内广泛分布，见于除新疆外的各省（区、市）。指名亚种繁殖于中国东北；迁徙经中国大部地区西藏南部及西南、华南、东南包括海南及台湾越冬。

　　在阿拉善盟为旅鸟。迁徙季节见于贺兰山内及外缘地带。

　　世界自然保护联盟（IUCN）评估等级：无危（LC）。

摄于贺兰山北寺，王志芳

摄于贺兰山南寺，王志芳

159. 黄腰柳莺
（huáng yāo liǔ yīng）

学　名：*Phylloscopus proregulus*
英文名：Pallas's Leaf Warbler

　　小型食虫鸣禽，体长9～10厘米，雌雄同色。嘴细小而黑褐色、下嘴基暗黄色。成鸟上体，包括两翼内侧覆羽为橄榄褐色，顶冠暗绿色，有一长而明显的柠檬黄色顶冠纹，直达后颈；腰柠檬黄色。黄色粗眉纹自嘴基延至颈侧，前段鲜黄，眼后转淡，过眼线暗褐色。体背黄绿，翼上覆羽褐色，羽缘黄绿色，中覆羽和大覆羽先端淡黄绿色，形成两道明显的翼带。飞羽褐色，外翈羽缘黄绿色。下体颏至颈侧、后颈灰白；翼下覆羽，腋羽白色沾黄色，臀及尾下覆羽沾浅黄。脚淡褐色。

　　繁殖期常见于针叶林和针阔混交林，迁徙过境和越冬时可见于各类林地、灌丛中，在低山次生林、城市绿化带、公园、果园。

　　指名亚种繁殖于中国东北；迁徙经华东至长江以南包括海南的低地越冬。

　　在阿拉善盟为旅鸟，数量很大。迁徙季节在贺兰山及外缘地带易见。

　　世界自然保护联盟（IUCN）评估等级：无危（LC）。

摄于贺兰山哈拉乌沟，王志芳　　　　　　　摄于贺兰山长流水，王志芳

摄于贺兰山哈拉乌沟，王志芳

160. 棕眉柳莺

（zōng méi liǔ yīng）

学　名：*Phylloscopus armandii*
英文名：Yellow-streaked Warbler

小型食虫鸣禽，体长9～10厘米，雌雄同色。成鸟上体为一致橄榄褐色、沾绿，无冠纹，无翼带。眉线长而清晰且粗细较平均，前段黄褐，后段偏白，有不明显暗色次眉线；过眼线暗褐色，延伸至耳羽；颊与耳羽褐色，下缘围以黑纹。两翼黑褐色，无翼斑；飞羽和尾羽黑褐色，具浅绿褐色羽缘。嘴黄褐色、上嘴峰及嘴先暗褐色；颏、喉近白色，下体余部为极淡的棕色。脚黄褐色。幼鸟整体暗淡，体背羽色沾蓝紫色，下体色深，腹至尾下覆羽为棕褐色。与褐柳莺相似，本种眉纹前端为皮黄色而非白色。

栖息于林缘、灌丛、草地，也见于道路两侧和农田附近。常单独或成对活动，有时亦结松散的小群活动。主要以昆虫为食。

指名亚种繁殖于我国东北；迁徙经我国华东至长江以南包括海南的低地越冬。

在阿拉善盟为夏候鸟。夏季常见于贺兰山低海拔区域。

世界自然保护联盟（IUCN）评估等级：无危（LC）。

幼，摄于贺兰山哈拉乌沟，王志芳

摄于贺兰山哈拉乌沟，王志芳

摄于贺兰山哈拉乌沟，王志芳

161. 褐柳莺
（ hè liǔ yīng ）

学　名：*Phylloscopus fuscatus*
英文名：Dusky Warbler

　　小型林栖性食虫鸣禽，体长 11 ～ 12 厘米，雌雄同色。成鸟上体为一致的褐色或灰褐色，无顶冠纹及翼带，两翼短圆，飞羽有橄榄绿色的翼缘，初级飞羽突出颇短；眉纹清晰在眼先处白色、眼后皮黄色，贯眼纹暗褐色。上嘴峰及嘴尖暗褐色，下嘴黄色；颊、喉侧、上胸、两胁及尾下覆羽沾黄褐色，颏、喉及腹部中央为白色；脚黄褐色。

　　隐匿于沿溪流、沼泽周围及森林中潮湿灌丛的浓密低植被之下，高可上至海拔 4000 米。翘尾并轻弹尾及两翼。主要以昆虫为食。

　　指名亚种繁殖于我国东北及中北部；越冬在我国南方，包括海南省及台湾地区。

　　在阿拉善盟为夏候鸟。夏季在贺兰山繁殖，迁徙季节在山外缘地带易见。

　　世界自然保护联盟（IUCN）评估等级：无危（LC）。

摄于贺兰山樊家营子，王志芳　　　　　　　　繁殖羽，摄于贺兰山墩子沟口，王志芳

162. 棕腹柳莺
（zōng fù liǔ yīng）

学　名：*Phylloscopus subaffinis*
英文名：Buff-throated Warbler

　　小型林栖性食虫鸣禽，体长 10 ～ 12 厘米，雌雄同色。成鸟上体大致橄榄褐色；上嘴黑色，下嘴基部黄色或粉色，端部近黑；无顶冠纹，眉纹淡黄或皮黄色，贯眼纹黑褐色。飞羽和大覆羽为暗褐色，外翈具黄绿色羽缘。腰及尾上覆羽偏橄榄绿色。尾羽暗褐色，外翈羽缘为橄榄绿色。下体呈棕黄色，颏部、喉部羽色略淡，有时近白色；脚褐色。

　　主要繁殖于海拔 900 ～ 3000 米的林地及林缘灌丛，一般喜欢针叶林。主要以昆虫为食。

　　国内见于中部至南方诸省（区、市），为不常见候鸟。

　　在阿拉善盟为迷鸟。2019 年 12 月于巴彦浩特镇有 2 笔记录，共 3 只。

　　世界自然保护联盟（IUCN）评估等级：无危（LC）。

摄于阿拉善左旗巴彦浩特镇营盘山，王志芳

摄于阿拉善左旗巴彦浩特镇营盘山，王志芳

163. 叽喳柳莺
（jī zhā liǔ yīng）

学　名：*Phylloscopus collybita*
英文名：Common Chiffchaff

　　小型林栖性食虫鸣禽，体长 11 ～ 12 厘米，雌雄同色。成鸟上体为一致褐色、略带橄榄绿色，无冠纹，无翼带，两翼橄榄褐色，尾羽浅凹；眉纹淡皮黄色，细长且不甚清晰，眼圈皮黄而非白色，过眼线暗褐，颊部为淡皮黄色或淡褐色。下体污白，两胁带暖皮黄色。嘴黑色；脚黑色。

　　栖息于林地、灌丛和近水边，繁殖于有草丛覆盖的开阔林地。

　　在国内繁殖于新疆、西藏，而在我国台湾、香港、广东、湖北、河南等有零星记录。

　　在阿拉善盟为旅鸟。极少见于巴彦浩特镇。

　　世界自然保护联盟（IUCN）评估等级：无危（LC）。

摄于阿拉善左旗巴彦浩特镇东关村，王志芳

164. 双斑绿柳莺

（ shuāng bān lǜ liǔ yīng ）

学　名：*Phylloscopus plumbeitarsus*
英文名：Two-barred Warbler

　　小型林栖性食虫鸣禽，体长 10 ～ 12 厘米，雌雄同色。成鸟上体大致为橄榄绿色，无冠纹，背、腰同色；两翼暗褐色，具较宽的橄榄绿色外翈羽缘，大覆羽和中覆羽的白色先端形成 2 条清晰的黄白色翼带，但少数个体中覆羽构成的第二道翼斑比较模糊；具明显的白色长眉纹，并延伸至后枕，过眼线黑褐色。下体灰白，两胁和尾下覆羽有时略带淡黄色或淡绿灰色。上嘴黑褐，下嘴全为黄褐色；脚褐色。似暗绿柳莺，但本种为较鲜艳的橄榄绿色，不带灰绿色，且本种翼斑通常为两道，而暗绿色柳莺仅为一道。

　　性情活跃，行动敏捷，常单独或者小群活动，多见于树冠层树枝追捕飞虫。

　　繁殖于我国东北；迁徙经我国大部地区而于海南越冬。

　　在阿拉善盟为旅鸟。偶见于阿拉善左旗垃圾处理厂附近。

　　世界自然保护联盟（IUCN）评估等级：无危（LC）。

摄于阿拉善左旗巴彦浩特镇，王志芳

165. 暗绿柳莺

（àn lǜ liǔ yīng）

学　名：*Phylloscopus trochiloides*
英文名：Greenish Warbler

　　小型林栖性食虫鸣禽，体长 10 ～ 12 厘米，雌雄同色。成鸟上体大致橄榄绿色，无冠纹，眉纹较长，淡黄白色。两翼暗褐色，具橄榄绿色外翈羽缘。大覆羽端部淡黄色近白，形成一道翼带，少数个体中覆羽亦具狭窄的白色端斑，形成不甚清晰的第二道翼带；尾羽黑褐色，具淡绿色羽缘。下体白色，两胁略带淡皮黄色。上嘴深灰色，下嘴基部黄色或粉色，端部深色；脚褐色。与双斑绿柳莺相似但本种上体略偏灰绿色，通常仅具一道翼斑。

　　主要繁殖于 1500 ～ 4500 米的中高海拔针叶林、针阔混合林及林线上缘区域，越冬于较低海拔。

　　在国内主要见于中部至西部地区，为区域性常见候鸟。

　　在阿拉善盟为旅鸟。偶见于贺兰山南寺。

　　世界自然保护联盟（IUCN）评估等级：无危（LC）。

摄于贺兰山南寺，王志芳

166. 极北柳莺

（ jí běi liǔ yīng ）

学　名：*Phylloscopus borealis*
英文名：Arctic Warbler

　　小型林栖性食虫鸣禽，体长 11 ～ 13 厘米，雌雄同色。嘴厚粗，无冠纹，眉纹黄白色、细长、未与嘴基相连；上嘴灰黑色，下嘴基部黄色，端部深色。成鸟上体为一致的橄榄绿色，腰及尾上覆羽偏绿；两翼暗褐色，具橄榄绿色外翈羽缘，通常有一条不甚明显的淡色翼带，中覆羽羽尖淡色，另形成一条模糊的翼带，此两条翼带常因磨损而时有时无。下体污白色，胁部略带淡灰绿色，喉至腹中央略黄，部分个体尾下覆羽偏淡黄色。脚暗黄褐色。似双斑绿柳莺，但双斑绿柳莺下嘴全黄，有明显双翼带，脚灰黑色。似暗绿柳莺，但暗绿柳莺眉纹较粗，脚黑色，腹部白，无杂色。

　　主要栖息于各种林地，常单独活动于大树上层，于枝叶间觅食小型昆虫、幼虫及虫卵，也吃嫩叶和草籽。

　　在国内见于除青藏高原以外的所有地区，为常见候鸟。

　　在阿拉善盟为旅鸟。迁徙季节易见于贺兰山外缘。

　　世界自然保护联盟（IUCN）评估等级：无危（LC）。

摄于贺兰山哈拉乌沟，王志芳

摄于贺兰山哈拉乌沟，王志芳

苇莺科

167. 东方大苇莺
（dōng fāng dà wěi yīng）

学　名：*Acrocephalus orientalis*
英文名：Oriental Reed Warbler

中型食虫鸣禽，体长 17～20 厘米，雌雄同色。成鸟上体黄褐色，嘴粗长，上嘴峰灰褐色、下嘴粉褐色，具近白色眉纹和暗褐色过眼纹，飞羽及尾羽暗褐色，羽缘与腰背同色；下体乳白色，胸部具灰褐色纵纹，但野外观察时通常甚不明显。脚铅灰色。幼鸟羽色较淡，眉线及体下黄褐色浓，胸无暗色细纵纹。

主要活动于低海拔近水的苇丛、草丛及灌丛等，为苇莺类的典型习性，常藏于苇丛中高声鸣叫。主要以昆虫为食。

在国内见于除青藏高原和新疆西部外的广大地区，为常见夏候鸟。

在阿拉善盟为夏候鸟。夏季在贺兰山外缘地带有芦苇的水域芦苇丛中繁殖。

世界自然保护联盟（IUCN）评估等级：无危（LC）。

幼，摄于阿拉善左旗巴彦浩特镇生态公园，王志芳

繁殖羽，摄于阿拉善左旗巴彦浩特镇生态公园，王志芳

摄于阿拉善左旗巴彦浩特镇生态公园，王志芳

168. 稻田苇莺
（ dào tián wěi yīng ）

学　名: *Acrocephalus agricola*
英文名: Paddyfield Warbler

　　小型食虫鸣禽，体长 12 ～ 14 厘米，雌雄同色。上体棕褐色，上嘴黑色，下嘴基部淡黄红色，尖端黑色；白色眉纹较长延伸至眼后，其上无侧冠纹，过眼线暗褐色；背、腰和尾上覆羽棕色；下体白色，颏、喉至腹中央白色，胁及尾下覆羽淡棕黄色。脚肉褐色。

　　栖于湿地附近的芦苇和灌丛等浓密植被中。喜欢在植株间跳来跳去，不时跳至茅草顶部并迅速跳入草中。主要以昆虫为食。

　　在国内见于新疆西北部，为不常见夏候鸟。

　　在阿拉善盟为夏候鸟，极少见。2014 年 7 月于巴彦浩特镇生态公园记录到 1 只。

　　世界自然保护联盟（IUCN）评估等级：无危（LC）。

繁殖羽，摄于阿拉善左旗巴彦浩特镇生态公园，林剑声

蝗莺科

169. 小蝗莺
（xiǎo huáng yīng）

学　名：*Helopsaltes certhiola*
英文名：Pallas's Grasshopper Warbler

　　小型食虫鸣禽，体长 14～16 厘米，雌雄同色。成鸟上体棕褐色为主，背、腰及尾上覆羽带红棕色，眉纹皮黄色；上嘴深褐色，下嘴偏黄，端部深灰色；头顶至背及尾上覆羽具明显黑色纵纹；肩羽、翼覆羽及三级飞羽黑褐色，具淡色羽缘；尾羽黑褐色，除中央一对尾羽外，其余末端白色。下体近白色，胸侧及两胁皮黄色。脚肉粉色或黄色。幼鸟整体黄褐色甚浓，胸上具黑色点斑，肩羽、翼覆羽及三级飞羽淡色羽缘较白而明显。

　　主要生境为近水的各种植被，包括林地、灌丛、芦苇地、沼泽、近水的草丛等。性怯懦、活动很隐蔽，善于藏匿，平时总是躲避在芦苇、灌丛或高草丛中，很少飞行。

　　在国内分布于广大的北方地区，为夏候鸟，也见于我国台湾在内的东部、南部及西南部，为旅鸟。

　　在阿拉善盟为夏候鸟。在巴彦浩特镇各种有芦苇的水域可以见到，数量少，极少见。

　　世界自然保护联盟（IUCN）评估等级：无危（LC）。

幼，摄于阿拉善左旗巴彦浩特镇南田湿地，王志芳

成，摄于阿拉善左旗巴彦浩特镇生态公园，
王志芳

噪鹛科

170. 山噪鹛
（shān zào méi）

学　名：*Pterorhinus davidi*
英文名：Plain Laughingthrush

　　中型鸣禽，体长 23 ～ 26 厘米，雌雄同色。全身整体呈单调褐色，自腰至尾逐渐色深至深褐色。嘴下弯，肉黄色，下嘴基部亮黄；眼先较耳羽色深，耳羽棕褐色。脚浅褐色。

　　多成对或结小群栖息于山区灌丛中，鸣声悦耳。善于地面刨食。夏季吃昆虫，辅以少量植物种子、果实；冬季则以植物种子为主。

　　中国鸟类特有种。见于东北、华北至中西部山区，为常见留鸟。

　　在贺兰山为常见留鸟。夏季在贺兰山内繁殖，冬季下到低海拔甚至沟口外地带。

　　世界自然保护联盟（IUCN）评估等级：无危（LC）。

摄于贺兰山樊家营子，王志芳

幼，摄于贺兰山樊家营子，王志芳

莺鹛科

171. 白喉林莺
（bái hóu lín yīng）

学　名：*Sylvia curruca*
英文名：Lesser Whitethroat

　　小型林栖性鸣禽，体长 11～13 厘米，雌雄同色。成鸟头上及枕灰色，眼先至耳羽黑褐色呈狭扇形，部分个体有甚窄且不明显白眼圈；上体大致沙褐色，两翼、尾羽深褐色具淡色羽缘，最外侧尾羽具楔状白斑；上嘴黑褐色，下嘴基部浅灰色，喉白，下体近白，胸侧及两胁沾皮黄色。脚灰褐至暗褐色。似沙白喉林莺但胸腹灰白色而非白色，体羽色也较深，脚色较深且嘴较大。

　　栖于低海拔林地，以及湿地、荒漠区域的开阔浓密灌丛、矮树和草丛等生境，甚隐蔽。食物主要为昆虫，兼食一些植物性食物。所食的昆虫以鞘翅目为最多。

　　在国内见于西北及东北地区，为区域性常见夏候鸟。迁徙季见于西北、东北和华北，迷鸟见于我国台湾地区。

　　在阿拉善盟为夏候鸟。在贺兰山外缘地带容易见到。

　　世界自然保护联盟（IUCN）评估等级：无危（LC）。

繁殖羽，摄于贺兰山跃进沟，王志芳

172. 荒漠林莺
（ huāng mò lín yīng ）

学　名: *Sylvia nana*
英文名: Asian Desert Warbler

　　小型林栖性鸣禽，体长 11 ～ 12 厘米，雌雄同色。成鸟具白色眼圈，上半圈明显，下半圈模糊；头至整个上体土褐色或偏灰褐色，头部沾灰，腰、尾上覆羽，尾羽棕红色，外侧尾羽白色；上嘴先端角质黑色，下嘴淡黄色；颏、喉至下体以及尾下覆羽白色。脚浅黄色。幼鸟无白色眼圈，虹膜淡黄色，初级飞羽羽缘白色。

　　栖于荒漠和半荒漠的灌丛、石滩和疏林地带，常单独或者成对活动。

　　在国内见于新疆、青海、内蒙古西部，迷鸟见于我国台湾地区。

　　在阿拉善盟为夏候鸟。在贺兰山外缘地带木仁高勒沙井子、巴彦浩特镇西城区都有过记录。

　　世界自然保护联盟（IUCN）评估等级：无危（LC）。

摄于贺兰山前进沟，王志芳

幼，摄于贺兰山前进沟，王志芳

鸦雀科

173. 山鹛
（shān méi）

学　名：*Rhopophilus pekinensis*
英文名：Beijing Hill Babbler

　　小型林栖性鸣禽，体长 15～17 厘米，雌雄同色。虹膜淡黄色；上嘴褐色，下嘴淡黄色，端部褐色。成鸟头顶灰褐色且顶冠具纵纹，深褐色贯眼纹将灰白色眉纹同灰色耳羽分隔；髭纹近黑，颏、喉白色，颈、背、腰至尾上覆羽灰褐，密布近黑色纵纹；胸至下腹、尾下覆羽白色，两胁具棕红色纵纹；尾灰色，长且呈楔形，外侧尾羽羽缘白色；脚黄褐色。

　　通常罕见于干旱多石并多矮树丛的丘陵地带及山地灌丛。栖于灌丛，于隐蔽处之间做快速飞行，善在地面奔跑。繁殖期外结群活动。主要以象甲、金龟甲等昆虫为食，也吃幼虫、虫卵和其他昆虫。

　　中国特有种，分布于华北至西北山区，为留鸟。

　　在阿拉善盟为留鸟。见于贺兰山及其外缘地带。

　　世界自然保护联盟（IUCN）评估等级：无危（LC）。

摄于贺兰山樊家营子，林剑声　　　　　　幼，摄于贺兰山樊家营子，林剑声

绣眼鸟科

174. 红胁绣眼鸟
（hóng xié xiù yǎn niǎo）

学　名：*Zosterops erythropleurus*
英文名：Chestnut-flanked White-eye

　　小型树栖性鸣禽，体长 10 ～ 12 厘米。雄鸟头黄绿色，眼先黑褐色，具较宽的白色眼圈。体背橄绿色。喉至上胸黄色，下胸及腹灰白，胁有醒目栗红色，尾下覆羽黄色。雌鸟栗红色较浅。

　　虹膜为红褐色；嘴为灰黑色，下嘴基肉粉色；脚为灰黑色。

　　集群活动于树冠层访花或捕食昆虫，尤其喜欢吸食花蜜。

　　在国内于东北、华北为夏候鸟，越冬于南方较南的地区，迁徙经过东部和中部的大部分地区。

　　在阿拉善盟为迷鸟，在阿拉善左旗偶见。

　　世界自然保护联盟（IUCN）评估等级：无危（LC）。

摄于贺兰山南寺，王志芳

175. 暗绿绣眼鸟
（àn lǜ xiù yǎn niǎo）

学　名：*Zosterops japonicus*
英文名：Japanese White-eye

　　小型树栖性鸣禽，体长 10 ～ 12 厘米，雌雄同色。成鸟头黄绿色，眼先黑褐色，具较宽的白色眼圈。体背橄榄绿色。嘴铅灰至黑色，前额、喉至上胸黄色，下胸及腹灰白色，两胁污白，腹中央有不明显黄色，尾下覆羽黄绿色；脚灰黑色。

　　集群活动于树冠层访花或捕食昆虫，尤其喜欢吸食花蜜。

　　在国内于华北至中部山区为夏候鸟，于华南及西南为留鸟，于海南为冬候鸟。

　　在阿拉善盟为迷鸟。2019 年 5 月偶见于贺兰山南寺，有 1 笔记录（1 只）。

　　世界自然保护联盟（IUCN）评估等级：无危（LC）。

摄于贺兰山南寺，王志芳

戴菊科

176. 戴菊
（dài jú）

学　名：*Regulus regulus*
英文名：Goldcrest

　　小型林栖性鸣禽，体长约9厘米的娇小雀形目鸟类。雄鸟头顶中央有橙黄色顶冠纹，冠纹两侧黑色，眼先及眼周灰白色延伸至前额；髭纹灰褐色而不明显，头部其余部分灰色，上体橄榄绿色，腰橄榄黄色，翼及飞羽暗褐具黄绿色外缘，翼上具2条灰白色翼带；下体大致为灰色。雌鸟似雄鸟但显暗淡，头顶至后枕的冠纹为柠檬黄色而非橙红色。嘴黑色；脚灰黑色。

　　通常独栖于针叶林的林冠下层。主要以各种昆虫为食，尤以鞘翅目昆虫及幼虫为主，也吃蜘蛛和其他小型无脊椎动物，冬季也吃少量植物种子。

　　国内于中西部及南部高海拔针叶林为留鸟，于东北部为夏候鸟，冬季见于我国的东北、华北、华东地区及台湾。

　　在阿拉善盟为留鸟。见于贺兰山，冬季也见于城区人工针叶林带。

　　世界阿拉善盟自然保护联盟（IUCN）评估等级：无危（LC）。

雄，摄于贺兰山樊家营子，王志芳

雌，摄于贺兰山樊家营子，王志芳

鹪鹩科

177. 鹪鹩
（jiāo liáo）

学　名：*Troglodytes troglodytes*
英文名：Eurasian Wren

　　小型鸣禽，体长9～11厘米，体型小而紧凑，雌雄相似。成鸟通体黄褐色，密布黑色细横纹。嘴近黑色，较尖细，眉纹皮黄色不显著，尾甚短而上翘，两翼及肩部具白色星点斑；脚褐色。

　　多单独栖息于森林、沟谷和阴湿的林下。性情活泼及隐匿，尾不停地轻弹而上翘。善鸣叫，叫声宏亮清脆，但并不婉转，鸣叫时常做昂首翘尾之姿。取食蜘蛛、毒蛾、螟蛾、天牛、小蠹、象甲、椿象等昆虫。而雏鸟主要喂食蝗虫、蟋蟀、毛毛虫。

　　国内分布广泛，包括台湾，为区域性常见留鸟或冬候鸟。

　　在贺兰山为留鸟。数量不多，少见。

　　世界自然保护联盟（IUCN）评估等级：无危（LC）。

摄于贺兰山黄土梁子，王志芳

摄于宁夏贺兰山岩画沟口，王志芳

鸭 科

178. 黑头鸭
（hēi tóu shī）

学　名：*Sitta villosa*
英文名：Chinese Nuthatch

　　小型树栖性鸣禽，体长约 12 厘米，雌雄同色。嘴直，黑色，下嘴基部蓝灰色。雄鸟顶冠黑色，眉纹粗白，有黑色贯眼纹，颊、耳羽至颏、喉白色；上体大致灰蓝色，飞羽黑褐色，羽缘色浅；下体棕黄色至橙褐色。雌鸟较雄鸟色淡；脚铅灰色。

　　栖息于山地针叶林和针阔混交林中，集小群活动，与褐头山雀、煤山雀等小型鸟类混群。常在树干、树枝、岩石上等地方觅食昆虫、种子等。在洞中筑巢，冬季有储存食物习性。

　　中国北方及东北的特有鸟种，边缘性分布于朝鲜、乌苏里江流域及库页岛。

　　在贺兰山为留鸟，甚常见。

　　世界自然保护联盟（IUCN）评估等级：无危（LC）。

摄于贺兰山樊家营子，王志芳

摄于贺兰山哈拉乌沟，王志芳

旋壁雀科

179. 红翅旋壁雀
（ hóng chì xuán bì què ）

学　名: *Tichodroma muraria*
英文名: Wallcreeper

　　中型岩栖性鸣禽，体长 16～17 厘米，雌雄同色。嘴黑色，细长而微下弯。成鸟繁殖羽头顶至后颈、背部、肩部、腰部至尾上覆羽灰色；初级覆羽、外侧大覆羽及中小覆羽红色，内侧大覆羽黑褐色，飞羽黑色，飞行时可见由白斑形成的两条白色翼带；颏、喉部及上胸黑色，下体余部深灰色；翼下覆羽略带红色，腋羽红色；尾下覆羽色深，具白色次端斑形成尾带。雌鸟似雄鸟，但繁殖羽喉部黑色少。非繁殖羽颏、喉至上胸近白色，下体浅灰色。尾短而黑色，飞行时可见外侧尾羽羽端白色。初级飞羽两排白色点斑飞行时成带状；脚棕黑色。

　　在岩崖峭壁上攀爬，两翼轻展显露红色翼斑。冬季下至较低海拔，甚至于建筑物上取食。以昆虫、蜘蛛等为食。

　　见于国内极西部、青藏高原、喜马拉雅山脉、中部及北部。越冬鸟见于我国华南及华东的大部地区。

　　在贺兰山为留鸟。数量少，不易见到。

　　世界自然保护联盟（IUCN）评估等级：无危（LC）。

雄，繁殖羽，摄于贺兰山哈拉乌沟，王志芳

摄于贺兰山哈拉乌沟，王志芳

雌，繁殖羽，摄于贺兰山哈拉乌沟，王志芳

椋鸟科

180. 灰椋鸟

（huī liáng niǎo）

学　名：*Spdiopsar cineraceus*
英文名：White-cheeked Starling

　　中型鸣禽，体长 20 ～ 24 厘米，雌雄略异。雄鸟繁殖羽头，颈至胸黑色，前额及脸颊白色，夹杂暗色细纹；上背灰褐色，翼及尾羽暗褐色，次级飞羽羽缘白色；腰白色，尾上覆羽灰褐色；颏、喉至上胸灰黑色，腹部灰褐，尾下覆羽及外侧尾羽末端白色。嘴橙黄色，下嘴基蓝灰色；脚橙黄色。雌鸟羽色较淡，体背褐色，腹面较白。非繁殖羽羽色转淡，嘴先端转黑，头部白色范围较大，颏、喉部转白。幼鸟似非繁殖羽，但羽色更淡，有清晰的污白脸颊，嘴暗黄。

　　常集群活动于有稀疏树木的开阔郊野及农田。主要以昆虫为食，也吃少量植物果实与种子。

　　繁殖于中国北部及东北，越冬于黄河流域以南；部分种群不迁徙。

　　在阿拉善盟为留鸟。在贺兰山外缘地带常见。

　　世界自然保护联盟（IUCN）评估等级：无危（LC）。

雌，繁殖羽，摄于阿拉善左旗巴彦浩特镇生态公园，王志芳

雄，繁殖羽，摄于阿拉善左旗巴彦浩特镇，王志芳

幼，摄于阿拉善左旗巴彦浩特镇生态公园，王志芳

181. 紫翅椋鸟
（zǐ chì liáng niǎo）

学　名：*Sturnus vulgaris*
英文名：Common Starling

中型鸣禽，体长 20 ～ 24 厘米，雌雄同色。繁殖羽眼先黑色，嘴为明黄色，喉部、颈部及背部羽毛延长呈穗状，通体闪辉黑而泛墨紫色或绿色光泽，背部、胸部至尾下覆羽具白色端斑而使上述部分呈星状斑驳。非繁殖羽似繁殖羽，但无延长的羽毛，嘴角质黑色，头、颈部羽毛末端亦为白色而通体呈星状斑驳。幼鸟灰褐色，眼先黑色，下体具白色纵纹，随换羽的进行具成鸟部分羽色；脚粉褐色。

栖息于荒漠绿洲的树丛中，多栖于村落附近的果园、耕地或开阔多树的村庄内。杂食性，冬季主要以植物果实为食。常与灰椋鸟混群。

在中国繁殖于新疆西北部，迁徙时经西部和西南部，非繁殖期游荡至除东北以外的全国各地，包括台湾和海南。

在阿拉善盟为冬候鸟。冬季少量见于巴彦浩特镇。

世界自然保护联盟（IUCN）评估等级：无危（LC）。

摄于阿拉善左旗巴彦浩特镇生态公园，王志芳

鸫 科

182. 虎斑地鸫

（ hǔ bān dì dōng ）

学 名：*Zoothera dauma*

英文名：White's Thrush

　　中型鸣禽，体长 28 ～ 31 厘米，雌雄同色。整体显得甚大而壮实。嘴深灰色，眼圈及眼先灰白，无眉纹。头顶至上体橄榄褐色，密布粗大的褐色鳞状斑纹，以背部和胸部为最密集。翼上覆羽由橄榄色、淡棕色和黑色构成，飞羽橄榄色为主，初级飞羽内翈基部有较宽的白色区域，于翼下构成一道显著的白色带。下体白色（胸部可能略带褐色），胸、腹部具月牙状黑色斑。尾羽橄榄褐色，外侧尾羽颜色略深；脚带粉色。

　　栖居于茂密树林，于地面或树林下部活动，一般都单只活动。主要以昆虫和无脊椎动物为主，冬季也吃一些植物果实。

　　国内分布于除海南和青藏高原外的大部分地区，包括台湾。为常见候鸟。

　　在阿拉善盟为旅鸟。常见于贺兰山的外缘地带。

　　世界自然保护联盟（IUCN）评估等级：无危（LC）。

摄于贺兰山北寺，王志芳

摄于贺兰山北寺，王志芳

183. 白眉鸫
（bái méi dōng）

学　名：*Turdus obscurus*
英文名：Eyebrowed Thrush

　　中型鸣禽，体长 20 ～ 24 厘米，雌雄略异。雄鸟头颈蓝灰，眼先黑，眉纹白，嘴基部黄色，先端及上嘴峰黑褐色，嘴基至眼先有一白色横纹，颏及颚线白色；上体及尾羽橄榄褐色；胸及两胁橙棕色，腹中央至尾下覆羽白色。雌鸟似雄鸟，但头、颈灰褐色，喉近白色具褐色细纵纹，胸及胁橙色较雄鸟淡。1 龄冬羽有淡色细窄翼带。脚偏黄或肉棕色。

　　于低矮树丛及林间活动。性情活泼喧闹，甚温驯而好奇。迁徙时活动于沙枣树林。主要以昆虫为食，也吃植物果实及种子。

　　国内除西藏外分布于各省（区、市），包括台湾及海南，为常见候鸟。

　　在阿拉善盟为旅鸟。偶见于贺兰山外缘地带。

　　世界自然保护联盟（IUCN）评估等级：无危（LC）。

幼，摄于阿拉善左旗巴彦浩特镇北环，王志芳

雄，摄于阿拉善左旗锡林高勒，王志芳

184. 黑颈鸫

（ hēi jǐng dōng ）

学　名：*Turdus atrogularis*
英文名：Black-throated Thrush

中型鸣禽，体长 21～26 厘米，雌雄略异。嘴黑褐色，下嘴基黄色；雄鸟眼先、眼周、脸颊、额、喉至胸部及颈侧均为黑色；头顶至上体灰褐；飞羽和尾羽色偏深呈黑褐色（部分个体外侧尾羽基部红褐色）；腹至尾下覆羽白色，两胁具模糊的灰色斑纹。雌鸟似雄鸟，但颏、喉白色而具黑色细纵纹，具细短且浅色眉纹，胸部为深褐或黑色，下体白色多纵纹。脚粉褐色或黑褐色。幼鸟似雌鸟，胸和两胁具暗色羽轴纹。飞行时，可见翼下覆羽棕红色。

成松散群体。有时与其他鸫类混合。在地面时做并足长跳。喜欢在沙枣树林觅食沙枣。主要以吉丁虫、甲虫、蚂蚁、鳞翅目和鞘翅目等昆虫及昆虫幼虫为食，也吃虾、田螺等无脊椎动物，以及沙枣等灌木果实和草籽。

国内主要见于西北地区，于秦岭东南部及内蒙古东南部有越冬记录。

在阿拉善盟为冬候鸟。广泛分布于阿拉善盟全盟范围，常与赤颈鸫混群。冬季见于贺兰山内及其外缘地带。

世界自然保护联盟（IUCN）评估等级：无危（LC）。

幼，摄于阿拉善左旗巴彦浩特镇生态公园，王志芳

雌，摄于阿拉善左旗巴彦浩特镇生态公园，王志芳

摄于贺兰山哈拉乌沟，王志芳

雄，摄于贺兰山哈拉乌沟，王志芳

185. 赤颈鸫
（ chì jǐng dōng ）

学　名：*Turdus ruficollis*
英文名：Red-throated Thrush

　　中型鸣禽，体长21～26厘米，雌雄略异。上嘴峰黑色，下嘴黄色，尖端黑色。雄鸟眉纹、颊栗红色，眼先深褐，耳羽灰色；上体至尾上覆羽为略带褐的灰色，中央2枚尾羽黑褐色（部分个体基部栗红色），两侧尾羽栗红色，具窄的褐色羽缘；颏、喉至胸及颈侧栗红色，腹部白色，具淡灰色模糊斑点，尾下覆羽白略沾棕栗色。雌鸟似雄鸟，但眉纹色稍浅，颚纹黑色，颏、喉白色而具栗色或黑色细纵纹；胸部具灰褐色至棕黄色斑纹组成半圆形胸部图案，随着年龄不同而由浅变深；腹部至尾下覆羽白色，下胸及两胁具棕灰色纵纹。亚成鸟似雌鸟，具黑色颚纹，上胸栗色具浅色羽缘随年龄增长而消失；幼鸟嘴黑仅下嘴基黄色。飞行时，翼下覆羽与尾羽栗红色显著。脚为粉褐色。

　　成松散群体。有时与其他鸫类混合。在地面时作并足长跳。冬季喜欢在沙枣树林觅食沙枣。

　　在国内见于除东南诸省外的广大地区，为常见候鸟。

　　在阿拉善盟为冬候鸟。广泛分布于阿拉善盟全盟范围，常与其他鸫类混群。冬季见于贺兰山内及其外缘地带。

　　世界自然保护联盟（IUCN）评估等级：无危（LC）。

雄，成鸟，摄于贺兰山跃进沟，王志芳　　　　　　　雄，摄于贺兰山跃进沟，王志芳

雄、亚成、雌，摄于贺兰山前进沟，王志芳

186. 红尾鸫
（hóng wěi dōng）

学　名：*Turdus naumanni*
英文名：Naumann's Thrnsh

　　中型鸣禽，体长 21～25 厘米，雌雄略异。上嘴偏黑，下嘴黄色而尖端深色；脚粉褐色或黄褐色。雄鸟眉纹淡皮黄色，眼先及耳羽灰褐色；头顶至背大致为灰褐色，腰及尾上覆羽棕红色，肩羽有红棕色斑，大覆羽和三级飞羽黑褐色外翈红棕色，初级飞羽黑褐色；中央一对尾羽基部红棕色，向尾端渐为黑褐色，其余尾羽基部 1/4 红棕色，外端约 3/4 外翈黑褐色。颏、喉白色密布黑色纵纹，颚纹黑色；胸以下整个下体白色，密布棕红色心形斑，腋羽及翼下覆羽棕色羽缘稍白。雌鸟似雄鸟，但喉部黑斑较多，上体橄榄褐色较多。此种鸫羽色类型较多，存在与斑鸫杂交色型，加之亚种年龄不同羽色也有变化，甚难辨别。

　　常与赤颈鸫、斑鸫混群，喜欢在沙枣树林觅食沙枣。冬季喜欢在公园、湿地等未冻冰的溪流边找水喝。

　　国内常见，分布于除西藏、海南以外的各省（区、市），为旅鸟或冬候鸟。

　　在阿拉善盟为冬候鸟。见于阿拉善盟全盟范围。冬季在贺兰山内或其外缘地带常见。

　　世界自然保护联盟（IUCN）评估等级：无危（LC）。

雄，摄于贺兰山跃进沟，王志芳

雌，摄于贺兰山跃进沟，王志芳

187. 斑鸫
（bān dōng）

学　名：*Turdus eunomus*
英文名：Dusky Thrush

　　中型鸣禽，体长 21 ～ 25 厘米，雌雄略异。嘴黑色，下嘴基部黄色；脚褐色。雄鸟具粗白色眉纹，眼先、耳羽、头顶、枕、后颈至后背部为黑褐色；翼上覆羽主要为栗色，飞羽内翈黑褐色而外翈栗色，构成翼上的大块栗棕色斑；腰及尾上覆羽红褐色，尾羽黑褐色；颊白色具褐色杂斑，颏、喉白色，颈侧及上胸具黑色斑点；体下灰白色，满布黑色鳞状斑，胸部鳞状斑形成 2 条宽的黑胸带，腹中央至尾下覆羽白色。雌鸟羽色较淡，耳羽不黑，体背橄榄褐色，肩羽及翼栗红色较少；体下黑色鳞斑较少，黑胸带不明显。1 龄冬羽有淡色细窄翼带；雄鸟肩羽及翼较多栗红色。

　　常与赤颈鸫混群，喜欢在沙枣树林觅食沙枣。

　　国内除西藏外见于各地，其中沿海各省（区、市）及海南、台湾为冬候鸟。

　　在阿拉善盟为旅鸟。迁徙季节在贺兰山及其外缘地带易见。

　　世界自然保护联盟（IUCN）评估等级：无危（LC）。

幼，摄于贺兰山哈拉乌沟，王志芳

幼，摄于贺兰山哈拉乌沟，王志芳

雄，摄于贺兰山哈拉乌沟，王志芳

188. 田鸫
（tián dōng）

学　名：*Turdus pilaris*
英文名：Fieldfare

中型鸣禽，体长 23 ～ 27 厘米，雌雄同色。虹膜黑色，具细黄色眼圈；嘴黄色，尖端黑。头顶、头侧至后颈灰色，眉纹白色，眼先深褐色。背部和两翼上覆羽为栗褐色，飞羽深褐色，腰及尾上覆羽灰色。下体白色为主，但胸部呈黄褐色，颏、喉具黑色纵纹，至胸部和两胁过渡为密集的黑色鳞状斑，腹部中央至尾下覆羽白色。尾羽黑褐色。脚铅灰色。本种背部的栗色区域于灰色的上体中甚为醒目，比较容易识别。

多单独或集群栖息于落叶林、针叶林和林缘灌丛及田间疏林中，也见于草甸、农田、果园和公园，地栖性。主要以昆虫或昆虫幼虫为食。

种群数量稀少。亚种 *subpilaris* 繁殖于中国西北部的天山，在新疆喀什地区及青海柴达木盆地有越冬记录。

在阿拉善盟为冬候鸟。极少见于贺兰山外缘地带。

世界自然保护联盟（IUCN）评估等级：无危（LC）。

摄于贺兰山哈拉乌沟，王志芳

摄于贺兰山哈拉乌沟，王志芳

鹟 科

189. 乌鹟
（ wū wēng ）

学　名：*Muscicapa sibirica*
英文名：Dark-sided Flycatcher

　　小型鸣禽，体长 12 ～ 14 厘米，雌雄同色。嘴黑色；脚黑色。成鸟头和上体灰褐色，具白色眼圈。翼及尾羽黑褐，大覆羽及三级飞羽具不明显淡色羽缘。颏、喉白色，颚线不明显，颈部具白色半颈环。胸、胁具烟灰色晕染模糊纵斑，腹中央较白；尾下覆羽白且具暗色纵纹。停歇时，初级飞羽翼尖约达尾羽尖端 1/2 ～ 2/3 处。幼鸟整体色深，头顶至体背密布有白点斑，胸有浓密的杂斑。

　　栖于山区或山麓森林的林下植被层及林间。紧立于裸露低枝，冲出捕捉过往昆虫。

　　中国见于东部大部分地区和华南地区。

　　在阿拉善盟为旅鸟。迁徙季节在贺兰山外缘地带偶见，数量很少。

　　世界自然保护联盟（IUCN）评估等级：无危（LC）。

摄于阿拉善左旗巴彦浩特镇，王志芳

幼，摄于阿拉善左旗巴彦浩特镇，王志芳

幼，摄于阿拉善左旗巴彦浩特镇，王志芳

摄于阿拉善左旗巴彦浩特镇，王志芳

190. 北灰鹟

（ běi huī wēng ）

学　名：*Muscicapa dauurica*
英文名：Asian Brown Flycatcher

　　小型鸣禽，体长 11 ～ 12 厘米，雌雄同色。嘴黑色，基部宽，下嘴基部黄色。下嘴基宽是该种区别于同类鹟鸟的特征；脚黑色。成鸟头及体背灰褐，具白色眼圈，眼先近白。翼及尾羽深褐色，大覆羽及三级飞羽具不明显淡色羽缘；颏、喉至下体包括尾下覆羽灰白色，胸侧及两胁褐灰色。停歇时，翼尖约达尾羽 1/2。幼鸟整体褐色较浓，头、背有白点斑，胸、胁色泽较暗淡，无杂斑；大覆羽及三级飞羽淡色羽缘较宽而明显。

　　多单独或成对栖于近溪流的落叶阔叶林、针阔混交和针叶林下的林缘，性机警，不怕人。从栖处捕食昆虫，回至栖处后尾做独特的颤动。

　　繁殖于中国东北，迁徙经华北、华东、华中、西南和东南地区，至华南一带越冬。

　　在阿拉善盟为旅鸟。迁徙季节常见于贺兰山外缘人工林带。

　　世界自然保护联盟（IUCN）评估等级：无危（LC）。

繁殖羽，摄于阿拉善左旗巴彦浩特镇生态公园，王志芳

摄于阿拉善左旗巴彦浩特镇生态公园，王志芳

191. 铜蓝鹟
（ tóng lán wēng ）

学　名：*Eumyias thalassinus*
英文名：Verditer Flycatcher

　　小型鸣禽，体长 14 ～ 17 厘米，雌雄同色。嘴黑色；脚黑色。雄鸟通体为鲜艳的湖蓝色；眼先黑色，两翼为略深的铜蓝绿色，但飞羽内翈为褐色；尾下覆羽为蓝绿色，具白色羽缘。雌鸟与雄鸟相似，但眼先为灰色或蓝灰色，且全身羽色略淡，不如雄鸟鲜艳。本种上下体羽一致，且雌雄相差不多，在鹟科种比较特殊，仅与铜蓝仙鹟雄鸟相似。

　　主要生境为中低海拔开阔的林地和林缘。于裸露栖处捕食过往昆虫。

　　在国内于西藏南部及秦岭以南地区皆有分布，为较常见留鸟或候鸟。

　　在阿拉善盟为迷鸟。2019 年 10 月于贺兰山南寺有 1 笔记录（1 只）。

　　世界自然保护联盟（IUCN）评估等级：无危（LC）。

摄于贺兰山南寺，王志芳

192. 欧亚鸲

（ōu yà qú）

学　名：*Erithacus rubecula*
英文名：European Robin

　　小型鸣禽，体长 13～15 厘米，雌雄同色。嘴黑色；脚深褐色。头顶至背部、两翼和尾羽呈褐色，眼先、颊部、颏、喉至胸部为鲜艳的橙色，头侧眉纹附近有一狭窄的灰色带向下延伸至胸侧，将上体的褐色区域与颊部、胸部的橙色区域隔开。腹部污白。

　　活动于较低海拔的林地、灌丛、湿地、庭园等各种生境，一般不惧人。主要捕食蠕虫、毛虫、甲虫、苍蝇、蜗牛、象鼻虫、蜘蛛、白蚁和黄蜂，是农业上的益鸟，特别受到棉农的欢迎。有时也啄食浆果和水果。

　　在国内新疆有少量记录，为不常见留鸟；迷鸟曾见于华北地区。

　　在阿拉善盟为旅鸟。极少见。于阿拉善左旗巴彦木仁和锡林高勒有 3 笔记录。在宁夏贺兰山岩画沟口村落有 1 笔记录。

　　世界自然保护联盟（IUCN）评估等级：无危（LC）。

摄于宁夏贺兰山岩画，王志芳

193. 红喉歌鸲

（hóng hóu gē qú）

学　名：*Calliope calliope*
英文名：Siberian Rubythroat

　　小型鸣禽，也叫红点颏，体长 13 ～ 16 厘米，雌雄同色。嘴黑色，下嘴基部粉色；脚灰色；整体棕褐色，具醒目的白色眉纹和颊纹。雄鸟的颏、喉呈红色，部分个体在红色外围具狭窄的黑色轮廓线，胸部具灰褐色宽条带；腹部呈白色或淡黄褐色，两胁皮黄；尾下覆羽白色，尾较长，棕色，时常上翘，飞行时扇开。雌鸟似雄鸟但颜色较暗淡，喉部红色浅或不明显，胸部灰色较淡。

　　藏于森林密丛及次生植被；一般在近溪流处。主要以昆虫为食，也吃少量植物性食物。主要吃直翅目、半翅目和膜翅目等昆虫，也吃果实。

　　繁殖于中国东北、青海东北部至甘肃南部及四川。越冬于我国的南方、台湾及海南。地区性非罕见鸟。

　　在阿拉善盟为夏候鸟。夏季在贺兰山高海拔地区繁殖。

　　国家保护等级：Ⅱ级。

　　世界自然保护联盟（IUCN）评估等级：无危（LC）。

摄于贺兰山黄土梁子，王志芳

摄于阿拉善左旗巴彦木仁苏木，武建忠

194. 蓝喉歌鸲

（lán hóu gē qú）

学　名：*Luscinia svecica*
英文名：Bluethroat

　　小型鸣禽，也叫蓝点颏，体长 13～16 厘米。雄鸟头至上体及腰部橄榄褐色，眉纹和下颊纹白色，尾羽黑褐色而两侧基部橙色；颏、喉为亮蓝色，喉下至上胸分别具多变橙色、蓝色、黑色、白色环状羽，下胸至尾下覆羽灰白色，两胁染棕色；雌鸟和幼年雄鸟常具白色颊纹，喉部白色为主，至胸部有颜色甚淡的蓝色、白色和橙色横带，其余特征与雄鸟相同。

　　虹膜为深褐色；嘴为黑色；脚为铅灰色。

　　栖息于溪流或其他水域附近的疏林、林缘、沼泽、荒漠绿洲中，喜在阴湿的林下或茂密的苇丛和荒草下层至地面活动，因鸣叫声委婉悦耳常被作为笼养鸟而遭大肆捕捉。

　　繁殖于我国东北和西北地区，迁徙经我国中部；越冬鸟在我国西南和华南地区，包括香港和台湾，不见于海南。

　　在阿拉善盟为旅鸟。见于贺兰山外缘地带。

　　世界自然保护联盟（IUCN）评估等级：无危（LC）。

繁殖羽，摄于贺兰山水磨沟，王志芳

非繁殖羽，摄于贺兰山水磨沟，王志芳

195. 红胁蓝尾鸲
（hóng xié lán wěi qú）

学　名：*Tarsiger cyanurus*
英文名：Orange-flanked Bluetail

　　小型鸣禽，体长 12～15 厘米，雌雄异色。嘴黑色；脚黑灰色。特征为两胁橘黄色，尾羽蓝色。雄鸟头、脸及上体蓝色，眉纹白，飞羽和大覆羽为褐色，其余覆羽蓝色或蓝灰色，小覆羽多为鲜艳的灰蓝色；下体白色为主，两胁橘黄；雄性幼鸟上体蓝灰色，沾棕黄色。雌鸟上体棕褐色，下体白色略带褐色，两胁橘黄色，尾蓝。

　　繁殖期活动于山地森林和林缘灌丛的近地面处，非繁殖期常见于各种生境。红胁蓝尾鸲是食虫鸟，所吃食物多是一些重要森林害虫，在森林保护中具有重要意义。

　　繁殖于我国东北、西北和中部山区，越冬于长江以南。

　　在阿拉善盟为旅鸟。迁徙季节在贺兰山内及其外缘地带易见。

　　世界自然保护联盟（IUCN）评估等级：无危（LC）。

幼，摄于贺兰山哈拉乌沟，王志芳

雌，摄于贺兰山哈拉乌沟，王志芳

雄，摄于贺兰山哈拉乌沟，王志芳

196. 白眉姬鹟
（bái méi jī wēng）

学　名：*Ficedula zanthopygia*
英文名：Yellow-rumped Flycatcher

　　小型鸣禽，体长 11 ～ 14 厘米，雌雄异色。嘴黑色；脚角质黑色。雄鸟头及背黑色，具醒目的白色眉线；翼黑色并具大白斑，腰及尾上覆羽亮黄色，尾羽黑色；下体鲜黄色，喉部略具橙色，尾下覆羽白色。雌鸟头、颈及背橄榄褐色；腰及尾上覆羽黄色；翼及尾褐色，大覆羽内侧及三级飞羽外缘白色，形成明显大白斑；下体大致为黄白色，喉、胸有模糊暗色鳞纹，尾下覆羽白色。

　　主要栖息于阔叶林及针阔混交林近水地带。常单独或成对活动，多在树冠下层低枝处活动和觅食，也常飞到空中捕食飞行性昆虫。食物主要有天牛科、瓢虫、象甲等鞘翅目昆虫。

　　国内广布东部和南部地区，为常见候鸟。

　　在阿拉善盟为迷鸟，2020 年 5 月于贺兰山干沟岭有 1 笔记录（1 只雄鸟）。

　　世界自然保护联盟（IUCN）评估等级：无危（LC）。

摄于贺兰山干沟梁，王兆锭

197. 鸲姬鹟
（qú jī wēng）

学　名：*Ficedula mugimaki*
英文名：Mugimaki Flycatcher

　　小型鸣禽，体长11～14厘米，雌雄异色。雄鸟上体黑色，具较短的白色眉纹，仅从眼上方延伸至眼后方。两翼黑褐色，部分大覆羽和中覆羽白色，构成醒目的白色翼斑。颏、喉至胸部及上腹部呈鲜艳的橙红色。下腹及尾下覆羽白色。尾羽黑色，外侧数枚尾羽基部白色。雌鸟上体灰褐色，两翼褐色，翼覆羽端部白色，形成一道或者两道较细的翼斑，与雄鸟差别较大。颏、喉及胸部橙色，下体白色，尾羽褐色。嘴黑色，脚灰褐色。

　　常单独或成对活动。主要活动于低海拔林地，以昆虫和昆虫幼虫为食。

　　国内见于东北、华北、华东及华南诸省，为候鸟。

　　在阿拉善盟为迷鸟。2009年11月巴彦浩特镇王陵公园偶见2只，为幼鸟。

　　世界自然保护联盟（IUCN）评估等级：无危（LC）。

雌幼，摄于阿拉善左旗巴彦浩特镇
王陵公园，王志芳

雌幼，摄于阿拉善左旗巴彦浩特镇
王陵公园，王志芳

198. 红喉姬鹟

（hóng hóu jī wēng）

学　名：*Ficedula albicilla*
英文名：Taiga Flycatcher

　　小型鸣禽，体长 11～14 厘米，雌雄略异。嘴黑色；脚黑色。雄鸟繁殖期头顶至背灰褐色，两翼深褐色；脸淡褐色，有狭窄白色眼圈，眼先、颊纹至颈侧铅灰色；颏、喉橙红色（非繁殖羽转白色），胸部灰色，腹部淡灰褐色，尾下覆羽白色。尾上覆羽和尾羽黑色，除中央尾羽外，其余尾羽基部白色。雌鸟脸、胸无灰色，颏、喉部近白色，与灰褐色腹面有明显对比。1 龄冬羽下嘴基略带肉黄色，大覆羽有淡色翼带，三级飞羽具淡色羽缘，腹面略沾黄褐色。

　　多单独或成对栖于落叶阔叶林、针阔混交和针叶林下的林缘，迁徙季节也见于人工园林、田间绿地和荒地。主要以昆虫或昆虫幼虫为食。

　　在国内繁殖于黑龙江和吉林，迁徙经中国东半部。常见越冬于我国广西、广东及海南。

　　在阿拉善盟为旅鸟。迁徙季节常见于贺兰山内及其外缘地带。

　　世界自然保护联盟（IUCN）评估等级：无危（LC）。

摄于贺兰山前进沟，王志芳

雌，摄于阿拉善左旗巴彦浩特镇北环，王志芳

雄，摄于贺兰山前进沟，王志芳

199. 贺兰山红尾鸲
（hè lán shān hóng wěi qú）

学　名：*Phoenicurus alaschanicus*
英文名：Ala Shan Redstart

　　小型鸣禽，体长 15 ～ 17 厘米。嘴黑色；脚黑色。雄鸟头顶、头侧、枕部、后颈至上背蓝灰，下背、腰至尾上覆羽棕红色；两翼黑色，肩羽及部分翼覆羽蓝灰色，另外一部分白色的覆羽形成一道明显的白色翼斑；中央尾羽黑褐色，其余尾羽棕红色。颏、喉部、胸部至腹部棕红色，下腹部染白色，尾下覆羽棕红色。雌鸟上体棕褐色，腰及尾上覆羽棕红色，部分翼覆羽和飞羽具白色边缘，但不形成块状翼斑；下体沙褐色，腹部染白色。

　　喜山区稠密灌丛及多松散岩石的山坡，常单独或成对活动。冬季到低海拔灌丛中栖息觅食，个别到阿拉善左旗城市公园。食物主要为昆虫及少量植物种子。冬季主要以植物性食物为主。

　　我国中北部及西部的特有种。分布于我国的青海、甘肃、宁夏、内蒙古（贺兰山）。

　　在阿拉善盟为留鸟。见于贺兰山，冬季个别个体会到山脉外缘城市公园栖息。

　　国家保护等级：Ⅱ级。

　　世界自然保护联盟（IUCN）评估等级：近危（NT）。

雌，摄于贺兰山哈拉乌沟，王志芳

雄，摄于贺兰山哈拉乌沟，王志芳

雄冬羽，摄于贺兰山干沟梁，王志芳

雄繁殖羽，摄于贺兰山黄土梁子，王志芳

雌，摄于阿拉善左旗巴彦浩特镇生态公园，王志芳

200. 赭红尾鸲
（zhě hóng wěi qú）

学　名: *Phoenicurus ochruros*
英文名: Black Redstart

　　小型鸣禽，体长 13 ～ 16 厘米，雌雄异色。嘴黑色；脚黑色。雄鸟头、脸、颈及体背黑色（因亚种不同而上体羽色有变化）；翼黑褐，尾上覆羽棕红色，尾羽棕红色，中央尾羽黑色。颏、喉、上胸黑色；下胸至腹部棕红色，下腹至尾下覆羽色渐淡至浅棕色。雌鸟全身褐色，腰、尾上覆羽及尾羽为棕红色，中央尾羽深褐色。幼鸟似雌鸟但更偏灰且腹部较白。雌鸟似红腹红尾鸲雌鸟，但身褐色较之色深。

　　见于开阔区域的各海拔高度。领域性强。由栖处捕食。常点头并颤尾。主要以甲虫、象鼻虫、金龟子、步行虫、蚂蚁等鞘翅目、鳞翅目、膜翅目昆虫为食，也吃甲壳类、蜘蛛和节肢动物等其他小型无脊椎动物，偶尔也吃植物种子、果实和草籽。

　　国内见于中部和西部山区各种环境，为常见繁殖鸟及冬候鸟。

　　在阿拉善盟为夏候鸟。夏天常见于贺兰山内及其外缘地带。

　　世界自然保护联盟（IUCN）评估等级：无危（LC）。

雄，摄于贺兰山北寺，王志芳

幼，摄于贺兰山北寺，王志芳

雌，摄于贺兰山南寺，王志芳

201. 白喉红尾鸲

（bái hóu hóng wěi qú）

学　名：*Phoenicurus schisticeps*
英文名：White-throated Redstart

　　小型鸣禽，体长 14～16 厘米，雌雄各异。嘴黑色；脚黑色。雄鸟头顶蓝灰色，脸、颏、颈侧和上背黑色，下背、腰至尾上覆羽棕红色，尾黑色；两翼以黑色为主，但部分覆羽及内侧次级飞羽的羽缘为白色，停歇时形成醒目的长条状白色翼斑；喉中央有一醒目的白色三角形斑块；胸腹部棕红色，腹中心及臀部皮黄白色，尾下覆羽棕红色。雌鸟全身灰褐色，白眼圈明显，具有与雄鸟相似的白色翼斑，大覆羽与三级飞羽有不明显白色羽缘；幼鸟似雌鸟，具不甚明显的白色喉斑。

　　夏季单独或成对栖于亚高山针叶林的浓密灌丛，冬季下至村庄及低地。主要以金龟子、鞘翅目、鳞翅目等昆虫和昆虫幼虫为食，也吃植物果实和种子。

　　国内见于青藏高原东南部至四川，为区域性常见留鸟。

　　在阿拉善盟为冬候鸟。见于贺兰山内及其外缘地带针叶林。

　　世界自然保护联盟（IUCN）评估等级：无危（LC）。

雌，摄于腾格里小天鹅湖，王志芳

幼，摄于贺兰山哈拉乌沟，王志芳

雄，摄于贺兰山哈拉乌沟，王志芳

202. 北红尾鸲
（ běi hóng wěi qú ）

学　名：*Phoenicurus auroreus*
英文名：Daurian Redstart

　　小型鸣禽，体长 13 ～ 16 厘米，雌雄各异。嘴黑色；脚黑色。雄鸟头部至枕部呈灰白色，背部为黑色。头侧、脸部、颏及喉黑色。下体其余部分为棕红色。两翼黑色，但次级飞羽基部为白色，构成醒目的块状白色翼斑。中央一对尾羽黑褐色，其余尾羽棕红色。体羽余部栗褐色，中央尾羽深黑褐色。雌鸟全身褐色或灰褐色，具有和雄鸟形状相似但略小的白色翼斑。

　　夏季栖于亚高山森林、灌木丛及林间空地，冬季栖于低地落叶矮树丛及耕地。常立于突出的栖处，尾颤动不停。主要以昆虫为食，多以鞘翅目、鳞翅目、直翅目、半翅目、双翅目、膜翅目等昆虫成虫和幼虫为食，种数达 50 多种，其中约 80% 为农作物和树木害虫。

　　国内除西部地区外广泛分布，包括我国海南及台湾，为常见于各种生境的候鸟。

　　在阿拉善盟为留鸟。夏季在贺兰山内繁殖，冬季多见于贺兰山外缘地带。

　　世界自然保护联盟（IUCN）评估等级：无危（LC）。

幼，摄于贺兰山哈拉乌沟，王志芳

雌，摄于贺兰山哈拉乌沟，王志芳

雄，摄于贺兰山南寺，王志芳

203. 红腹红尾鸲
（ hóng fù hóng wěi qú ）

学　名：*Phoenicurus erythrogastrus*
英文名：White-winged Redstart

小型鸣禽，体长 16～19 厘米，雌雄各异。嘴黑色；脚黑色。雄鸟头顶及枕部白色，头侧、脸、颏、喉、背部及两翼皆为黑色；各级飞羽基部具较大面积白色，停歇时构成甚大的块状白色翼斑；腰、尾上覆羽及尾羽棕红色；胸、腹及尾下覆羽棕红色。雌鸟全身为灰褐色，腹部颜色略淡；腰、尾上覆羽棕红色，褐色的中央尾羽与棕色外侧尾羽对比不强烈。

多单独或成对活动于高山草甸和高原灌丛、草场、河谷和流石滩以及裸岩地带，是高海拔红尾鸲的典型代表，耐寒不惧人，觅食于地面，停栖时尾常不停颤动。

我国见于新疆、甘肃、青海、陕西、西藏西南部、四川西北部，越冬至云南西北部、内蒙古、宁夏、山西、北京和河北。

在阿拉善盟为冬候鸟。迁徙季节和冬季在贺兰山内及其外缘地带常见。

世界自然保护联盟（IUCN）评估等级：无危（LC）。

雄，摄于贺兰山长流水，王志芳　　　　　雌，摄于阿拉善左旗巴彦浩特镇西城区，王志芳

204. 蓝额红尾鸲
（lán é hóng wěi qú）

学　名：*Phoenicurus frontalis*
英文名：Blue-fronted Redstart

　　小型鸣禽，体长 14 ～ 16 厘米，雌雄异色。嘴黑色；脚黑色；尾部具黑色的"T"形图纹。雄鸟头、颈、背、部分翼上覆羽及上胸皆为深蓝色。腰、尾上覆羽、下胸、腹部及尾下覆羽为橙棕色。飞羽深褐色，无翼斑。中央一对尾羽为黑褐色，其余尾羽橙棕色并具显著的深褐色端斑。雌鸟眼圈皮黄色，上体为橄榄褐色，腰、尾上覆羽及尾下覆羽为橙棕色。腹部为淡褐色，尾羽特征与雄鸟相同。

　　常见于高海拔山区，见于原始森林，但在人类居住地周围也不难见，多数为留鸟。一般多单独活动，迁徙时结小群。尾上下抽动而不颤动。甚不怕生。

　　主要分布于中国中部及西南部，是常见夏候鸟或留鸟，繁殖于海拔 2000 米以上的针叶林或灌丛地带。冬季向南部或低海拔迁移，南亚及东南亚北部有越冬记录。

　　在阿拉善盟为夏候鸟。繁殖于贺兰山高海拔地区。

　　世界自然保护联盟（IUCN）评估等级：无危（LC）。

幼，摄于阿拉善左旗巴彦浩特镇，王志芳

雄，摄于贺兰山樊家营子，王志芳

205. 红尾水鸲
（hóng wěi shuǐ qú）

学　名：*Phoenicurus fuliginosus*
英文名：Plumbeous Water Redstart

　　小型鸣禽，体长 12～15 厘米，雌雄异色。嘴黑色；脚灰褐色。雄鸟除飞羽外通体暗蓝灰色，尾羽栗红色。雌鸟上体灰褐色，下体白色，具细密的灰色鳞状斑。两翼灰褐色，翼上覆羽和部分内侧飞羽具小而清晰的白色端斑。尾羽大部分为白色，由最外侧尾羽向中央具不断扩大的黑褐色端斑，且全身羽色偏黄褐色而非灰褐色。

　　主要栖息在山地溪流石滩处，偶尔见于平原河边。特征性行为为尾羽不断重复扇开、合拢的动作。

　　在国内广泛分布于除东北和西北之外的地区，包括我国海南及台湾，为留鸟。

　　在阿拉善盟为迷鸟。2019 年 7 月在贺兰山水磨沟水库有 1 笔记录（1 只雌鸟）。

　　世界自然保护联盟（IUCN）评估等级：无危（LC）。

雄，摄于甘肃省，王志芳

雌，摄于贺兰山水磨沟，王志芳

206. 白顶溪鸲
（bái dǐng xī qú）

学　名：*Phoenicurus leucocephalus*
英文名：White-capped Water Redstart

　　小型鸣禽，体长 16 ～ 20 厘米，雌雄同色。嘴黑色；脚黑色。成鸟头顶至枕部白色，头部其余部分、胸部、背部及两翼皆为黑色。腰、尾上覆羽、腹部和尾下覆羽为鲜艳而浓重的橙红色。尾羽较长，亦为橙红色，且具宽阔的黑色端斑。

　　一般栖于山区的水边石滩，与红尾水鸲生境类似，冬季偶尔出现在平原地区。特征性的动作为尾羽有节奏地上翘，但一般不扇开。

　　国内见于中部、东部及南部的广大地区，通常为区域性常见留鸟。

　　在阿拉善盟为夏候鸟。偶见于贺兰山哈拉乌沟口。

　　世界自然保护联盟（IUCN）评估等级：无危（LC）。

摄于贺兰山哈拉乌沟，林剑声

207. 白背矶鸫

（bái bèi jī dōng）

学　名：*Monticola saxatilis*
英文名：Rufous-tailed Rock Thrush

中型鸣禽，体长 18 ～ 20 厘米，雌雄异色。嘴黑色；脚灰褐色。雄鸟整个头部、枕、后颈至上背蓝色或蓝灰色；两翼深褐色至黑色，翼覆羽有不甚清晰的淡黄色端斑；下背为白色，腰蓝灰色，尾上覆羽栗红色；尾短，中央一对尾羽棕褐色，其他尾羽栗红色；颏、喉灰蓝色；胸、腹至尾下覆羽栗红色。雌鸟上体色为棕褐色具浅色斑，腹部淡棕色，具深色鳞状斑，尾上覆羽亦为栗棕色，尾羽特征同雄鸟。

单独或成对活动，活动于低山和平原较开阔的石滩、灌丛、草甸、农田等生境。

在国内见于西北部和北部地区，为常见夏候鸟。

在阿拉善盟为夏候鸟、旅鸟。2014 年 5 月偶见于阿拉善左旗巴彦浩特镇城西，1 笔记录（1 只雄鸟）。

世界自然保护联盟（IUCN）评估等级：无危（LC）。

雄，摄于阿拉善左旗巴彦浩特镇西城区，王志芳

208. 黑喉石䳍

（ hēi hóu shí jí ）

学 名：*Saxicola maurus*
英文名：Siberian Stonechat

小型鸣禽，体长 12 ～ 15 厘米，雌雄略异。雄鸟整个头部为黑色或黑褐色，颈侧白色呈白色半环状，背部及翼上覆羽为黑色且褐色羽缘，内侧飞羽基部及部分覆羽白色，构成一白色翼斑（部分个体翼斑甚不清晰），其余飞羽为黑色，腰及尾上覆羽白色染棕色，尾羽黑褐色；下体主要为淡棕褐色，胸及两胁橙红色。雌鸟色较暗而无黑色，上体大部分为黄褐色，具深色斑，翼上具白斑，腰和尾上覆羽为淡黄褐色，尾羽黑褐色；下体黄褐色，颏、喉色淡，有时为白色。与白喉石䳍相似，辨识见相应描述。

栖息于低山、丘陵、原野、灌丛及湖岸间，分布于低海拔地带至高山草甸的多种生境，常单独或成对活动于林缘、灌丛和疏林，行动敏捷，甚活泼。

我国繁殖于新疆北部、四川西部、甘肃、青海、陕西和贵州西南部、云南及西藏西部和南部，越冬于我国西南部。

在阿拉善盟为旅鸟。迁徙季节易见于贺兰山低海拔及其外缘地带。

世界自然保护联盟（IUCN）评估等级：无危（LC）。

雌幼，摄于阿拉善左旗巴彦浩特镇生态公园，王志芳

雄，摄于阿拉善左旗巴彦木仁苏木，王志芳

雄幼，摄于阿拉善左旗巴彦浩特镇生态公园，王志芳

209. 沙䳭
（shā jí）

学　名：*Oenanthe isabellina*
英文名：Isabelline Wheatear

地栖性小型鸣禽，体长 14～16 厘米，雌雄同色。全身沙褐色或灰褐色。具细白色眉纹，眼先黑色（雌鸟眼先褐色），飞羽色深，腰及尾上覆羽白色；尾羽末端及中央尾羽黑色，其余尾羽白色，末端黑带约至中央尾羽 2/3，张开呈"凸"形。站立时，身形挺直，脚长、尾端，尾羽通常不触及地面。飞行时，翼下覆羽乳白，尾羽末端张开呈"凸"形。

单独或成对栖息于干旱草地、沙漠边缘、戈壁和半荒漠的灌丛及岩石堆间。

我国见于新疆、甘肃和陕西北部、青海以及内蒙古。为区域性常见夏候鸟。

在阿拉善盟为夏候鸟。在贺兰山内及其外缘地带常见，尤其是秋季幼鸟容易见到。

世界自然保护联盟（IUCN）评估等级：无危（LC）。

摄于贺兰山古拉本，王志芳

幼，摄于贺兰山古拉本，王志芳

育雏，摄于贺兰山古拉本，王志芳

210. 漠䳭
（ mò jí ）

学　名：*Oenanthe deserti*
英文名：Desert Wheatear

地栖性小型鸣禽，地栖息体长 14～17 厘米，雌雄略异。雄鸟头、肩及背沙褐色，眉线乳白色，脸罩和颏、喉黑色；肩羽外缘沙白色，小覆羽、翼上覆羽及飞羽黑色，腰及尾上覆羽白色；胸浅棕色，腹以下渐淡、至尾下覆羽灰白；尾羽近黑，仅外侧尾羽基部少许白色。雌鸟羽色暗淡，脸侧沾灰黑，腹面淡棕褐色，胸较浓。飞行时，翼下覆羽略带黑色（雄鸟全黑），尾羽张开全黑。

单独或成对栖息于多沙砾的荒漠、戈壁和平原上，不甚惧人。

在中国见于新疆、西藏西部、陕西和甘肃、青海东部、宁夏、内蒙古和四川中西部。

在阿拉善盟为夏候鸟。夏季常见于贺兰山外缘地带。

世界自然保护联盟（IUCN）评估等级：无危（LC）。

雌，摄于贺兰山哈拉乌沟口，王志芳

雄，摄于贺兰山哈拉乌沟口，王志芳

雄幼，摄于贺兰山哈拉乌沟口，王志芳

211. 白顶䳭
（bái dǐng jí）

学　名：*Oenanthe pleschanka*
英文名：Pied Wheatear

地栖性小型鸣禽，体长 14 ～ 17 厘米，雌雄异色。雄鸟头顶至后颈灰白色（部分个体略带灰色或黄褐色），脸颊、颈侧、颏、喉、背及两翼黑色，腰及尾上覆羽白色；尾羽末端及中央尾羽黑色、其余尾羽白色，末端黑带约为中央尾羽 1/4，张开时呈倒"T"形。雌鸟头、喉、胸及体背几近一致暗灰褐色，眉纹皮黄，飞羽及尾羽黑褐色；腹污白色，至尾下覆羽白色。

单独或成对出现在农田、荒地、村落、荒山、沟谷和荒漠间，多见于低矮灌木和岩石生境，以昆虫为食，地栖性，在地面奔跑且不时翘尾。

甚常见于新疆西部、青海、甘肃、宁夏、内蒙古、陕西、山西、河南、河北及辽宁等地适宜的荒瘠生态环境。

在阿拉善盟为夏候鸟。夏季常见于贺兰山沟口及其外缘地带。

世界自然保护联盟（IUCN）评估等级：无危（LC）。

幼，摄于贺兰山水磨沟，王志芳

雄，摄于阿拉善左旗巴彦浩特镇贺兰草原，王志芳

雌，摄于贺兰山水磨沟，王志芳

河乌科

212. 褐河乌
（ hè hé wū ）

学　名：*Cinclus pallasii*
英文名：Brown Dipper

　　中型鸣禽，体长 18 ～ 23 厘米，雌雄同色。嘴深褐色；脚深褐色。全身主要呈棕褐色或深褐色。下腹及尾下覆羽黑褐色。尾羽较短，呈深褐色。与河乌相似，但体无白色或浅色胸围，两者分布区与中国中部及西部的有限区域重叠。

　　主要栖于中低海拔的溪流及河谷。单独或成对活动，栖息于山涧河谷溪流露出的岩石上，飞行时常沿溪流，贴近水面飞行。以动物性食物为食，也吃一些植物叶子和种子。

　　在国内见于东部地区，但新疆北部亦有分布，为留鸟。

　　偶见鸟。2016 年秋天于贺兰山哈拉乌沟有 1 笔记录（1 只）。

　　世界自然保护联盟（IUCN）评估等级：无危（LC）。

摄于贺兰山，林剑声

雀 科

213. 黑顶麻雀
（hēi dǐng má què）

学　名：*Passer ammodendri*
英文名：Saxaul Sparrow

　　小型地栖性鸣禽，体长 14～16 厘米，雌雄异色。雄鸟嘴黑色，雌鸟嘴黄色、嘴端黑色；脚为粉褐色。雄鸟头顶黑色经后枕延伸至后颈，繁殖期黑色鲜亮；眼先黑色延伸至眼后，形成前粗后细的黑色过眼纹，眼上方具短小的白色眉纹，眼后至和枕侧及颈侧橙黄色，脸颊浅灰，颏、喉部黑色；上体黄褐色而密布黑色纵纹，翼上小覆羽黑色，中覆羽白色，大覆羽黄褐色，内侧羽轴黑色，羽缘白色，形成 2 道翼斑，飞羽深褐色具淡棕色羽缘；尾羽深褐具皮黄色羽缘。雌鸟具模糊的皮黄色眉纹，头顶至上体灰褐色，背部具少量暗色纵纹；具两道翼斑，下体淡黄色。与家麻雀和黑胸麻雀的区别为整体色淡棕黄色，后背纵纹色淡。

　　栖于沙漠绿洲、河床及贫瘠山麓地带等生有节节木的地方。与其他麻雀混群。

　　地区性常见。在我国常见于新疆，并沿昆仑山至甘肃西部、内蒙古西部及宁夏。

　　在阿拉善盟为留鸟。常见于贺兰山外缘地带。

　　世界自然保护联盟（IUCN）评估等级：无危（LC）。

雄，非繁殖羽，摄于贺兰山前进沟，王志芳

雌、雄，摄于贺兰山前进沟，王志芳

雏，摄于贺兰山前进沟，王志芳

214. 家麻雀

（jiā má què）

学　名：*Passer domesticus*
英文名：House Sparrow

小型树栖性鸣禽，体长 14～16 厘米，雌雄异色。嘴灰褐色，雄鸟繁殖期黑色；脚为粉褐色。雄鸟前额、头顶及后颈灰色，眼先黑色，眼后栗色延伸至颈侧，颏、喉部及上胸的黑色；背部棕黄色，具暗褐色纵纹，两翼略带栗色，中覆羽白色，大覆羽羽缘皮黄色，形成显著的翼斑，飞羽深褐色，羽缘色淡；尾上覆羽及尾羽灰色。雌鸟色淡，眼后具较长的皮黄色眉纹；背部具暗褐色斑纹，2 道翼斑不明显；胸部浅灰色，具模糊纵纹，腹部及尾下覆羽灰白色。

喜群栖。掠食谷物，也食昆虫及一些树叶。通常与人类有共同的栖息生境。与黑胸麻雀和麻雀混群。

地区性常见。我国常见于新疆、青藏高原周边，包括横断山区北部；冬季南迁，成群的越冬鸟可见于四川盆地，偶见于云南至广西。

在阿拉善盟为留鸟。在贺兰山外缘地带易见，数量不多。

世界自然保护联盟（IUCN）评估等级：无危（LC）。

雄繁殖羽，摄于贺兰山前进沟，王志芳

雄，摄于贺兰山前进沟，王志芳

雌，摄于贺兰山前进沟，王志芳

215. 麻雀
(má què)

学　名 : *Passer montanus*
英文名 : Eurasian Tree Sparrow

　　小型树栖性鸣禽，体长 13 ～ 15 厘米，雌雄同色。嘴黑色；脚粉褐色。成鸟顶冠及颈背棕栗色，眼先及眼周黑色，脸颊至颈侧白色，耳羽具黑色圆斑。肩、背部棕褐色，具黑色纵纹。腰及尾上覆羽褐色。尾羽暗褐色，羽缘色淡。两翼黑褐色，中覆羽和大覆羽具白色端斑，形成两道浅色翼斑。额、喉中央黑色，胸腹部近灰色，有时略带皮黄色，两胁及尾下覆羽灰褐色。幼鸟颜色较暗淡，嘴基黄色。

　　为分布最广、适应性最强的鸟类之一。高可至中等海拔区。近人栖居，喜城镇和乡村生境。

　　常见于我国各地包括海南省及台湾地区。

　　在阿拉善盟为留鸟。在贺兰山沟谷及其外缘地带有人类居住的地方常见。

　　世界自然保护联盟（IUCN）评估等级：无危（LC）。

幼，摄于贺兰山水磨沟，王志芳

摄于贺兰山水磨沟，王志芳

岩鹨科

216. 棕胸岩鹨
（zōng xiōng yán liù）

学　名：*Prunella strophiata*
英文名：Rufous-breasted Accentor

　　小型地栖性鸣禽，体长 13～15 厘米，雌雄同色。嘴黑色；脚暗橘黄色。成鸟顶冠灰色，眼先上具狭窄白线至眼后转为特征性的棕黄色眉纹，耳羽大致黑色而具两块棕色斑。头颈部其余部分灰褐色具黑色纵纹。背部及两翼大致为褐色具黑色条纹，胸部棕色，两胁略带褐色具黑色纵纹，下体其余部分白色具黑色纵纹。尾羽褐色。

　　栖息于高海拔针叶林及灌丛，冬季下迁至较低海拔。主要以植物种子为食。

　　我国见于西藏南部及东南部、青海、甘肃、陕西秦岭、四川西部、云南西北部。

　　偶见鸟。2009 年 4 月在阿拉善左旗木仁高勒老沙井子记录到 1 笔（1 只）。

　　世界自然保护联盟（IUCN）评估等级：无危（LC）。

摄于贺兰山前进沟，王志芳

217. 棕眉山岩鹨

（zōng méi shān yán liù）

学　名：*Prunella montanella*
英文名：Siberian Accentor

　　小型地栖性鸣禽，体长 13～16 厘米，雌雄同色。嘴黑色，下嘴基部黄褐色；脚粉褐色。成鸟头上黑，有明显粗长黄棕色眉线，眼先、颊部及耳羽黑色，形成醒目黑色宽过眼带。下眼圈、耳羽后具土黄色斑，颈侧灰色。体背大致为栗褐色具黑色纵纹。翼有白色点状翼带，尾上覆羽棕黄色。喉、胸至两胁黄棕色，腹中部及尾下覆羽污白具暗色点斑，体侧有稀疏红褐及暗色纵纹。

　　喜欢藏隐于森林及灌丛的林下植被。

　　在国内见于北方地区，偶至长江以南，为冬候鸟。

　　在阿拉善盟为冬候鸟。见于贺兰山低海拔灌丛及其外缘地带城市公园等适宜生境。

　　世界自然保护联盟（IUCN）评估等级：无危（LC）。

摄于贺兰山哈拉乌沟，王志芳

218. 褐岩鹨
（hè yán liù）

学　名：*Prunella fulvescens*
英文名：Brown Accentor

　　小型地栖性鸣禽，体长 13 ～ 16 厘米，雌雄同色。成鸟前额及头顶深褐色，嘴黑色，眼先、颊部及耳羽黑色，眉纹及颏部白色；上体灰褐色具深褐色纵纹；喉至下体淡棕黄色，颈部灰色。脚浅红褐色。受亚种、换羽或年龄因素影响，纵纹分布及颜色略有不同，但白色眉纹及黑色的脸部始终为其可靠的识别特征。与棕眉山岩鹨区别于本种眉纹白色且耳羽不具斑。

　　喜开阔有灌丛至几乎无植被的高山山坡及碎石带。

　　在国内见于西部及北部高海拔灌丛及草甸，为留鸟。

　　在阿拉善盟为留鸟。常见于贺兰山内及沟口外缘。

　　世界自然保护联盟（IUCN）评估等级：无危（LC）。

摄于贺兰山哈拉乌沟，王志芳

219. 贺兰山岩鹨
（hè lán shān yán liù）

学　名：*Prunella koslowi*
英文名：Mongolian Accentor

　　小型地栖性鸣禽，体长 14～16 厘米，雌雄同色。成鸟整个头部及颏、喉为褐色；嘴黑色；上体大致棕褐色具深色纵纹，翼及尾羽褐色具淡色羽缘；胸部具褐色斑点，腹及尾下复羽白色，两胁褐色具不明显纵纹。脚肉粉色。

　　冬季栖息于腾格里沙漠边缘地带，以沙蓬种子为食。一般以小群活动，受惊扰时站在高枝顶端发出极细的高音哨声。常隐蔽于灌丛中。

　　在国内见于内蒙古、宁夏、甘肃等地，为少见留鸟。

　　在阿拉善盟为冬候鸟。见于巴彦浩特镇边缘。

　　世界自然保护联盟（IUCN）评估等级：无危（LC）。

摄于贺兰山前进沟，王志芳

摄于贺兰山前进沟，王志芳

鹡鸰科

220. 黄鹡鸰
（ huáng jí líng ）

学　名：*Motacilla tschutschensis*
英文名：Eastern Yellow Wagtail

　　小型地栖性鸣禽，体长 18 厘米，雌雄相似。嘴褐色；脚褐色至黑色。成鸟背橄榄绿色或橄榄褐色，尾较短，飞行时无白色翼纹，腰黄绿色。头部颜色因各亚种而异。非繁殖期体羽褐色较重，雌鸟和幼鸟无黄色的臀部，幼鸟上体褐灰色而腹部白色。较常见的亚种 *simillima* 和亚种 *tschutschensis* 头部蓝灰色，眉纹、颏白色，眼先黑色；亚种 *taivana* 头顶橄榄色与背同，眉纹及颏、喉黄，眼先至耳羽黑褐色；亚种 *macronyx* 头蓝灰，无眉纹，颏白而喉黄，雌鸟眼上有窄细的白眉线，颏白色。

　　喜稻田、沼泽边缘及草地。常结成甚大群，在牲口及水牛周围取食。

　　在国外繁殖于西伯利亚及阿拉斯加，秋冬季节南迁至印度、东南亚、新几内亚及澳大利亚。在国内，亚种 *tschutschensis* 迁徙时见于东部省份；亚种 *simillima* 迁徙经过我国台湾；亚种 *macronyx* 繁殖于北方及东北，越冬在东南地区及海南；亚种 *taivana* 迁徙时经过东部，越冬在东南部、台湾及海南。

　　在阿拉善盟全盟为夏候鸟。夏季在贺兰山外缘地带常见。

　　世界自然保护联盟（IUCN）评估等级：无危（LC）。

幼，摄于贺兰山哈拉乌沟，王志芳

雄，摄于贺兰山哈拉乌沟

雌，摄于贺兰山哈拉乌沟，王志芳

221. 黄头鹡鸰

（huáng tóu jí líng）

学　名：*Motacilla citreola*
英文名：Citrine Wagtail

　　小型地栖性鸣禽，体长 17 ～ 20 厘米，雌雄略异。嘴黑色；脚近黑。雄鸟繁殖羽整个头部及喉、胸、下体艳黄色，后颈至颈侧有一黑色横带，形成半领环；背、肩及腰灰色，翼上具 2 道宽的白色翼斑，飞羽黑色具白色羽缘；尾上覆羽及尾羽黑色，外出尾羽白色；尾下覆羽白色。雌鸟头顶及脸颊灰色，黄色眉纹和脸颊后缘、下缘黄色会合成环，脸颊中间深灰色，略带些许黄色。非繁殖羽体羽暗淡白色，似白鹡鸰及黄鹡鸰幼鸟，但脸颊纹样独特。*Citreola* 亚种背部为灰色，雄性在繁殖羽背部靠颈部的部分发黑，飞羽端也发黑。雌鸟与雄鸟的区别主要在脸部和胸腹部，幼鸟似雌鸟，但黄色部分为污白替代。*Calcarata* 亚种雄鸟背部黑色，幼鸟背部更黑。

　　夏季喜栖息于山地溪流周围，秋冬季节常见于低地至山地湿润生境，常光顾多岩溪流并在潮湿沙地上觅食，也在高山草甸上活动。

　　国内分布广泛，亚种 *werae* 繁殖于中国西北至塔里木盆地的北部；亚种 *citreola* 繁殖于华北及东北，亚种 *calcarata* 繁殖于中国中西部及青藏高原。

　　在阿拉善盟为夏候鸟。夏季在贺兰山外缘地带常见。

　　世界自然保护联盟（IUCN）评估等级：无危（LC）。

幼，摄于贺兰山水磨沟，王志芳

雄，摄于贺兰山水磨沟，王志芳

雌，摄于贺兰山水磨沟，王志芳

雄，摄于贺兰山水磨沟，王志芳

222. 灰鹡鸰
（huī jí líng）

学　名：*Motacilla cinerea*
英文名：Grey Wagtail

　　小型地栖性鸣禽，体长 17 ～ 20 厘米，雌雄同色。嘴黑色；脚肉粉色。雄鸟繁殖羽头及背灰色，翼黑、三级飞羽有明显白羽缘，腰黄绿色，尾羽黑色、甚长，外侧尾羽白色。颏及喉部黑色，有明显白眉线及颊纹，胸、腹至尾下覆羽鲜黄色，胁较白。非繁殖羽喉转白色。雌鸟繁殖羽喉白，腹面黄色稍浅，尾下覆羽鲜黄色。第一年冬羽似雌鸟，但下嘴基淡色，上体略带褐色，翼覆羽具褐色羽缘，腹面黄色较淡、略偏白，尾下覆羽仍鲜黄色。

　　夏季多栖息于山地溪流周围，秋冬季节常见于低地至山地湿润生境，常光顾多岩溪流并在潮湿砾石或沙地觅食，也于最高山脉的高山草甸上活动。

　　在国内繁殖于西北、华北、东北、华中至东部及台湾的山地，越冬于西南、华南、东南，包括台湾和海南。

　　在阿拉善盟为夏候鸟。夏季贺兰山内及外缘地带均可见。

　　世界自然保护联盟（IUCN）评估等级：无危（LC）。

雄，摄于贺兰山哈拉乌沟，王志芳　　　　　　　雌，摄于贺兰山哈拉乌沟，王志芳

223. 白鹡鸰
(bái jí líng)

学　名：*Motacilla alba*
英文名：White Wagtail

　　小型地栖性鸣禽，体长 17 ～ 20 厘米，雌雄同色，阿拉善最常见的为普通亚种（leucopsis）。嘴黑色；脚黑色。*Leucopsis* 亚种雄鸟繁殖羽前额、脸、颈侧、喉白色，颈、胸有大块圆兜状黑斑，腹以下白色。头后至背黑色，翼黑色，有大片白斑及白色羽缘，尾羽黑色，外侧尾羽白色。非繁殖羽羽色变化不大，背黑色稍浅，颈、胸圆兜状黑斑变小。雌鸟似雄鸟，但上体体羽深灰色；非繁殖期体背灰色，颈、胸圆兜状黑斑变小。幼鸟头、脸沾黄色，头顶至背大灰色，下嘴基淡色。

　　生境多样，常栖于近水的开阔地带、稻田、溪流边及道路上。受惊扰时飞行骤降并发出示警叫声。

　　国内 *Leucopsis* 亚种为留鸟，广布全国大部分地区。

　　夏季 *Leucopsis* 亚种在贺兰山内及外缘地带为常见夏候鸟。

　　世界自然保护联盟（IUCN）评估等级：无危（LC）。

幼，摄于贺兰山哈拉乌沟，王志芳

雄，摄于贺兰山哈拉乌沟，王志芳

雌，摄于贺兰山哈拉乌沟，王志芳

224. 田鹨
（tián liù）

学　名：*A.r.centralasiae*
英文名：Richard's Pipit

　　小型地栖性鸣禽，体长 16～18 厘米，雌雄同色。喙（嘴）较长、较粗壮，上嘴黑褐色，下嘴粉褐色；脚黄褐色，后爪长而直，明显肉色。成鸟上体土褐色，头顶具黑褐色纵纹，体背具黑褐色纵斑及淡色羽缘，中覆羽黑色轴斑较狭长，呈尖角状或菱形状，尾羽暗褐色，外侧尾羽白色。有明显乳黄色眉线及不甚明显黑褐色过眼线，耳羽褐色。颏及喉近白色，有黑褐色颚线，胸及胁皮黄色，腹至尾下覆羽近白色，胸侧及胸有明显黑色纵斑。1 龄冬羽翼覆羽及三级飞羽羽缘较白。飞行时，呈不明显波浪状。与布莱氏鹨的区别为站姿较挺直，嘴较粗且长，脚及后爪均较长。中覆羽轴斑较狭长、呈尖角状或菱形状，上胸纵纹较粗且密，腹较白、与皮黄色胸及胁有色差。

　　喜开阔沿海或山区草甸、火烧过的草地及放干的稻田。单独或成小群活动。在地面跑动快而有力。

　　在国内繁殖于华北和华东，冬季南迁至华南。

　　在阿拉善盟为夏候鸟。夏季见于贺兰山外缘地带。

　　世界自然保护联盟（IUCN）评估等级：无危（LC）。

幼，摄于阿拉善左旗巴彦浩特镇，王志芳　　　　摄于阿拉善左旗巴彦浩特镇生态公园，王志芳

225. 草地鹨
(cǎo dì liù)

学　名：*Anthus pratensis*
英文名：Meadow Pipit

　　小型地栖性鸣禽，体长 14～15 厘米，雌雄同色。喙（嘴）较长、较粗壮，上嘴黑褐色，下嘴黄褐色；脚肉褐色。成鸟上体大致为橄榄褐色，头顶具黑褐色纵纹，体背具明显黑褐色纵斑，翼覆羽黑褐具白色羽缘，形成 2 条淡色翼带及明显中覆羽轴斑，腰及尾上覆羽暗色、斑纹不明显或几近无。嘴细长，脸平淡，有完整淡色眼圈、无暗色眼先，颚线黑褐色。下体灰白，略沾皮黄，胸及胁具明显黑褐色粗纵纹。1 龄冬羽三级飞羽羽缘及 2 条翼带均较白而明显。

　　喜开阔沿海或山区草甸、火烧过的草地及放干的稻田。单独或成小群活动。在地面跑动快而有力。

　　在国内为新疆西北部的罕见冬候鸟，偶见于西北（甘肃）、华北及华中，迷鸟至我国台湾地区。

　　在阿拉善盟为冬候鸟。少见。冬季在贺兰山外缘地带偶见。

　　世界自然保护联盟（IUCN）评估等级：近危（NT）。

摄于贺兰山哈拉乌沟，王志芳

226. 树鹨
（ shù liù ）

学　名：*Anthus hodgsoni*
英文名：Olive-backed Pipit

　　小型地栖性鸣禽，体长 15 ～ 17 厘米，雌雄同色。喙（嘴）较长、较粗壮，上嘴黑褐色，下嘴粉褐色；脚粉红色。成鸟上体大致为橄榄绿色，头顶具黑细纵纹，两侧较粗、形成黑色次眉线，背具不明显黑褐色纵纹，翼黑褐色，具淡色羽缘，形成 2 条淡色翼带及明显中覆羽轴斑，尾羽黑褐色，外侧二对尾羽端部具白色端斑。乳白色眉纹前端皮黄色，呈变色调，过眼线黑褐色，耳羽暗褐色，耳后有一淡色斑、旁边另有黑色斑。颊纹及喉污白略沾棕色，被黑颚线隔开，腹面灰白色，胸及胁常沾黄褐色，并具黑粗纵斑。与林鹨相似，但体背绿色调明显，有黑色次眉线，耳后具淡色斑及黑色斑，背黑褐色纵斑不明显。

　　成群活动于平原至中海拔的草地，耕地及林缘地带，比其他的鹨更喜有林的栖息生境。于地面行走，以昆虫为食，尾羽会上下摆动，受惊扰时降落于树上。

　　在国内分布于从西南到东北的大部分地区，在长江以南越冬。

　　在阿拉善盟为旅鸟。迁徙季节见于贺兰山内及外缘地带。

　　世界自然保护联盟（IUCN）评估等级：无危（LC）。

摄于阿拉善左旗巴彦浩特镇北环，王志芳

8 月，摄于阿拉善左旗巴彦浩特镇北环，王志芳

227. 粉红胸鹨
（fěn hóng xiōng liù）

学　名：*Anthus roseatus*
英文名：Rosy Pipit

　　小型地栖性鸣禽，体长 15 ～ 16 厘米，雌雄同色。嘴灰褐色，基部黄色；脚偏粉色。成鸟繁殖羽头顶具黑细纵纹，后颈灰褐无斑纹，上体大致橄榄灰褐色，背中心色浅，具明显黑褐色纵纹；具翼黑褐色，具橄榄绿色或灰白色羽缘，有 2 条淡色翼带及明显中覆羽轴斑；尾羽黑褐色，具狭窄白色羽缘，外侧一对尾羽端部缀楔状白斑。眉纹皮黄前端粉色，眼先黑褐色、过眼后变细，耳羽灰褐与后颈灰褐色一致并相连，脸颊及颏、喉、胸至上腹淡粉红色，胸侧及两胁具深褐色纵纹，下腹至尾下覆羽渐变为污白，下体无纵纹。非繁殖期粉红色褪去，似黄腹鹨和草地鹨，但本种皮黄色眉纹粗重而清晰、近末端有分离的淡色斑点。

　　见于海拔 2700 ～ 4400 米的高山草甸及多草的高原，越冬下至稻田或草地。

　　在国内繁殖于青藏高原至华北，南至四川及湖北，南迁越冬至西藏东南部、云贵高原，迷鸟至海南。于武夷山有独立的种群。

　　在阿拉善盟为夏候鸟。夏季在贺兰山高海拔区域繁殖。

　　世界自然保护联盟（IUCN）评估等级：无危（LC）。

摄于贺兰山北寺，武建中

228.水鹨
（ shuǐ liù ）

学　名：*Anthus spinoletta*
英文名：Water Pipit

　　小型地栖性鸣禽，体长 15 ～ 17 厘米，雌雄同色。嘴细长，下嘴黄褐色、上嘴及嘴先黑褐色，繁殖期嘴转黑色；脚繁殖期黑褐色，冬季暗粉褐色。成鸟繁殖羽头及体背灰褐色，头顶具不明显暗色细纵纹，后颈灰褐无斑纹，体背有不明显暗色轴斑，翼黑褐色、具淡色羽缘，有 2 条淡色翼带，尾羽黑褐色。脸平淡，有暗色眼先，眉纹皮黄色在眼后变宽；体下为素净的粉黄褐色，有 2 条淡色翼带脸颊及颏、喉、胸至上腹淡粉红色，胸侧及两胁纵斑甚少或无。非繁殖期体背偏黄褐，2 条淡色翼带转不明显，眉纹变短且甚不明显，腹面减转污白，且出现黑褐色纵斑，但较集中于颈侧及上胸，两胁纵纹较稀疏；嘴、脚颜色变深、近黑色。

　　出现于水域附近之湿地、沼泽及溪边，常藏匿于近溪流处，于地面步行摄取昆虫、嫩芽和种子。停歇时姿势较平。

　　繁殖于欧洲西南、中亚、蒙古国及中国西部和中部，越冬至北非、中东、印度西北及中国南部。在阿拉善盟为留鸟。见于贺兰山外缘地带。

　　世界自然保护联盟（IUCN）评估等级：无危（LC）。

摄于贺兰山水磨沟，王志芳

摄于贺兰山水磨沟，王志芳

燕雀科

229. 苍头燕雀

（cāng tóu yàn què）

学　名：*Fringilla coelebs*
英文名：Common Chaffinch

　　小型地栖性鸣禽，体长 15～16 厘米，雌雄略异。嘴雄鸟灰色，雌鸟粉褐色；脚粉褐色；具醒目的白色肩块及翼斑。繁殖期雄鸟顶冠、枕部、后颈及颈侧均为蓝灰色，背部栗褐色，腰黄绿色，尾上覆羽灰色；翼上小覆羽和中覆羽大多呈白色，形成块状白斑；大覆羽黑色，具白色端斑，形成一带状翼斑；飞羽黑色为主，具淡黄色外翈羽缘。尾羽黑色具白色边缘。脸、喉、胸至腹部栗红色，仅尾下覆羽白色。雄鸟非繁殖羽头顶灰褐色，翼斑淡黄色，下体淡棕褐色。雌鸟具白色翼斑及黄绿色腰，上体为橄榄褐色，下体为淡灰褐色，飞羽、翼上覆羽暗褐色。

　　成对或结群栖于落叶林及混交林、林园及次生灌丛。与其他雀类混群。常于地面取食。

　　在国内于华北、东北、西北有零散记录，为不常见冬候鸟。指名亚种有记录于新疆的天山、内蒙古、宁夏、河北及辽宁越冬。

　　在阿拉善盟为冬候鸟。冬季在贺兰山内及外缘地带可见。

　　世界自然保护联盟（IUCN）评估等级：无危（LC）。

雄，摄于贺兰山前进沟，王志芳

雌，摄于贺兰山前进沟，王志芳

230. 燕雀
（yàn què）

学　名：*Fringilla montifringilla*
英文名：Brambling

　　小型地栖性鸣禽，体长 15 ～ 16 厘米，雌雄同色。嘴黄色，嘴尖黑色；脚粉褐色。雄鸟繁殖羽头及脸黑色，略具冠羽，体背大致为黑色，两翼黑色具鲜艳的橙色翼带，腰及尾上覆羽白色，尾羽黑色呈叉形；喉、胸及肩羽橙红色，腹以下白色，两胁沾橙色并具黑色斑点。雄鸟非繁殖羽嘴色变淡而偏灰，脸颊仍残留黑色痕迹，喉、胸及肩羽之橙红色均较雌鸟浓。雌鸟繁殖羽似雄鸟，羽色较浅淡，头至背黑色大部分由褐色、灰色取代，脸颊为灰褐色，凸显出黑色的侧冠纹，橙色范围变小且变淡。飞行时，白腰明显。

　　喜跳跃和波状飞行。成对或小群活动。于地面或树上取食，似苍头燕雀。

　　在国内见于除青藏高原外的大部分地区，包括台湾，为常见冬候鸟，在东北有繁殖记录。

　　在阿拉善盟为冬候鸟。冬季在贺兰山内及外缘地带常见。

　　世界自然保护联盟（IUCN）评估等级：无危（LC）。

摄于贺兰山哈拉乌沟，王志芳

繁殖羽，摄于贺兰山哈拉乌沟，王志芳

231. 白斑翅拟蜡嘴雀
（bái bān chì nǐ là zuǐ què）

学　名：*Mycerobas carnipes*
英文名：White-winged Grosbeak

小型树栖性鸣禽，体长 21～23 厘米，雌雄异色，嘴硕大且厚重。嘴灰色，下嘴基部肉粉色；脚粉褐色。雄鸟头、背为黑色，腰黄色，尾上覆羽黑色具黄色端斑；两翼各羽为黑色，三级飞羽及大覆羽羽端部为黄色，形成一道黄色翼斑，初级飞羽基部具白色块斑；尾黑色。颏、喉、胸皆为黑色，腹及尾下覆羽均为鲜黄色。雌鸟上体和下体前部以灰褐色取代黑色，黄绿色取代鲜黄色，脸颊及胸具模糊的浅色纵纹。

冬季结群活动。嗑食种子时极吵嚷。见于海拔 2800~4600 米沿林线的冷杉、松树及矮小桧树之上。

分布于中亚至喜马拉雅山脉及青藏高原附近的山地。国内西部至中部高原地区广泛分布，为区域性常见留鸟。

在阿拉善盟为留鸟。常见于贺兰山针叶林，冬季下至低海拔贺兰山外缘及城市公园人工林地。

世界自然保护联盟（IUCN）评估等级：无危（LC）。

雄，摄于贺兰山哈拉乌沟，王志芳

雌，摄于阿拉善左旗巴彦浩特镇王陵公园，王志芳

232. 锡嘴雀

（xī zuǐ què）

学　名：*Coccothraustes coccothraustes*
英文名：Hawfinch

　　小型地栖性鸣禽，体长约 18 厘米，雄雌略异。体型圆胖，头大尾短，嘴粗大，繁殖期黑色，非繁殖期肉粉色，尖端黑色，脚为粉褐色。雄鸟嘴基、眼先及眼周黑色，头顶橙棕色，脸黄褐色。后颈及颈侧灰色，背及肩羽茶褐色，小覆羽黑褐色，中覆羽及外侧大覆羽灰白色，形成明显的灰白色宽翼带，飞羽蓝黑色具金属光泽，内侧初级飞羽成扭曲形状的羽片；腰及尾上覆羽黄褐色，尾羽茶褐色，外缘蓝黑色，末端白色。颏、喉部黑色，下体余部为淡褐色，尾下覆羽白色。雌鸟与雄鸟相似，整体颜色较雄鸟淡；仅眼先为暗褐色，颏、喉部黑色区域较小，次级飞羽外翈具灰色羽缘，飞羽无金属光泽。

　　成对或结小群栖于林地、花园及果园，高可至海拔 3000 米。通常惧生而安静。

　　国内除青藏高原及海南外广泛分布，为区域性常见留鸟或候鸟。

　　在阿拉善盟为冬候鸟。见于贺兰山内及外缘地带。

　　世界自然保护联盟（IUCN）评估等级：无危（LC）。

雄，摄于贺兰山哈拉乌沟，王志芳

雌，摄于贺兰山哈拉乌沟，王志芳

233. 红腹灰雀

（hóng fù huī què）

学　名：*Pyrrhula pyrrhula*
英文名：Eurasian Bullfinch

　　小型树栖性鸣禽，体长 16～17 厘米，雌雄略异。嘴灰黑色、短厚；脚黑褐色。指名亚种雄鸟头顶、眼先、眼周及颏黑色，后枕至被灰色，翼黑色具明显白色翼带，尾羽蓝黑色。颊、颈侧、喉至胸腹为鲜艳的粉红色（亚种 *cineracea* 相应部分为灰色），下腹至尾下覆羽以及腰为白色。雌鸟似雄鸟，以灰棕色代替雄鸟红色部分。

　　单独或成小群活动。在灌丛及低树林、庭园等地安静地觅食。

　　国内见于东北、内蒙古和新疆地区，为区域性常见冬候鸟，亦偶见于华北。

　　在阿拉善盟为旅鸟。在巴彦浩特镇王陵公园偶见。

　　世界自然保护联盟（IUCN）评估等级：无危（LC）。

雄，摄于阿拉善左旗巴彦浩特镇王陵公园，王志芳

雌、雄，摄于阿拉善左旗巴彦浩特镇王陵公园，王志芳

雌，摄于阿拉善左旗巴彦浩特镇王陵公园，
王志芳

234. 蒙古沙雀
（měng gǔ shā què）

学　名：*Bucanetes mongolicus*
英文名：Mongolian Finch

　　小型地栖性鸣禽，体长 13～15 厘米，雌雄同色。嘴角质黄色；脚粉褐色。雄鸟头部、后颈至背为沙褐色，眼周和颊略带粉红色；小覆羽和中覆羽与背部同色，大覆羽基部白色至粉色、端部黑色，构成块状翼斑，初级飞羽黑褐色、外翈羽缘粉色，次级飞羽基部至中段白色构成第二块翼斑；腰淡粉色，尾上覆羽沙褐色，尾羽黑色具白色边缘；颏、喉、胸及两胁淡粉色，腹至尾下覆羽白色。雌鸟粉色部分较淡。与巨嘴沙雀的区别为本种嘴角质色而非黑色，且下体具显著的粉色区域。

　　喜山区干燥多石荒漠及半干旱灌丛。甚不惧人。通常成群活动。

　　主要分布于亚洲中部至蒙古国一带。国内见于西北至东北地区，为区域性常见留鸟。多见于中低海拔半荒漠地区。

　　在阿拉善盟为留鸟。在贺兰山外缘地带可见。

　　世界自然保护联盟（IUCN）评估等级：无危（LC）。

幼，摄于贺兰山北寺，王志芳

非繁殖羽，摄于贺兰山北寺，王志芳

繁殖羽，摄于贺兰山长流水，王志芳

235. 普通朱雀
（pǔ tōng zhū què）

学　名：*Carpodacus erythrinus*
英文名：Common Rosefinch

　　小型地栖性鸣禽，体长约15厘米，雌雄异色。嘴灰色；脚近黑色。雄鸟头、喉至胸为亮红色，过眼线暗褐色，背部及翼覆羽褐色，略沾红色，腰及尾上覆羽红色，飞羽及尾羽黑褐色；腹部污白沾红色，往下渐淡至尾下覆羽白色。雌鸟色暗淡，上体橄榄褐色，头顶至背暗色纵纹，两翼暗褐色，具两道皮黄色翼斑，尾羽黑褐色，呈"叉"形。下体灰白色，喉、胸部具显著暗褐色纵纹，尾下覆羽白色。

　　栖于亚高山林带但多在林间空地、灌丛及溪流旁。单独、成对或结小群活动。飞行呈波状。不如其他朱雀隐秘。

　　遍及整个欧亚大陆。在国内分布广泛，为常见的留鸟及候鸟，繁殖于东北和西部地区，越冬于华南和西南。

　　在阿拉善盟为夏候鸟。夏季在贺兰山内繁殖。

　　世界自然保护联盟（IUCN）评估等级：无危（LC）。

雄，摄于贺兰山哈拉乌沟，王志芳

雌，摄于阿拉善左旗巴彦浩特镇营盘山，王志芳

236. 红眉朱雀
（hóng méi zhū què）

学　名：*Carpodacus pulcherrimus*
英文名：Himalayan Beautiful Rosefinch

　　小型树栖性鸣禽，体长约 15 厘米，雌雄异色。嘴浅角质色；脚橙褐色。雄鸟繁殖羽头顶褐色略沾粉色且具褐色纵纹，上体褐色具深褐色纵纹，翼上覆羽皆为褐色略沾粉色，飞羽及尾羽褐色具粉色羽缘，腰及尾上覆羽粉红色；眉纹及脸颊粉红色，贯眼纹褐色；喉、胸及腹部红粉色，尾下覆羽白色；非繁殖期雄鸟后颈至背部、翼上覆羽粉色褪去。雌鸟通体褐色密布黑色纵纹，眉纹淡黄褐色、不甚清晰。

　　栖息于山地林线附近的灌丛和开阔地，冬季下移至低海拔灌丛生活。

　　我国常见于陕西北部、宁夏、内蒙古、北京和河北高海拔地区。

　　在阿拉善盟为留鸟。见于贺兰山，冬季见于贺兰山外缘。

　　世界自然保护联盟（IUCN）评估等级：无危（LC）。

雄，摄于贺兰山樊家营子，王志芳

雌，摄于贺兰山哈拉乌沟，王志芳

237. 长尾雀
（cháng wěi què）

学　名：*Carpodacus sibiricus*
英文名：Long-tailed Rosefinch

　　小型树栖性鸣禽，体长 16～17 厘米，雌雄异色。嘴短而粗厚，黄褐色至粉褐色；脚灰褐。雄鸟前额基部至眼先暗红色，头顶、颊部及喉部白色或淡粉色；背部粉红色，具浓重的深褐色纵纹，腰和尾上覆羽粉红色无纵纹；翼上有两道显著的白色翼斑，飞羽黑色具白色羽缘，部分亚种飞羽的白色羽缘甚宽阔，两翼收拢时几乎连接成大块白斑；尾甚长，几乎占体长的一半，尾羽黑色，但外侧 2～3 对尾羽大部分呈白色；下体粉红色。雌鸟全身大致为棕褐色，上体、下体均具深色纵纹。下腹至尾下覆羽皮黄色。本种羽色似其他朱雀，但尾羽较长且外侧尾羽具明显白色区域。似朱鹀。

　　成鸟常单独或成对活动于低山或者平原林地灌丛。

　　在国内见于西北、东北、华北、西南和中部地区，为区域性常见鸟。亚种 *sibiricus* 见于中国西北及东北西至山西 (庞泉沟)，越冬在天山。

　　在阿拉善盟为旅鸟。偶见于阿拉善左旗巴彦浩特镇生态公园。

　　世界自然保护联盟（IUCN）评估等级：无危（LC）。

雄，摄于阿拉善左旗巴彦浩特镇生态公园，王志芳　　　　　雌，摄于锡林郭勒盟，王志芳

238. 北朱雀

（běi zhū què）

学　名：*Carpodacus roseus*
英文名：Pallas's Rosefinch

　　小型地栖性鸣禽，体长约 16 厘米，雌雄略异。嘴近灰色；脚褐色。雄鸟繁殖羽头深粉红色，额头、颊及喉淡粉近白色；背部深粉红色具深褐色纵纹；腰及尾上覆羽深粉红色；翼及尾羽黑褐色，羽缘红色；胸、腹深粉红色，往下渐淡至尾下覆羽白色，腹部中央白色。雌鸟色暗，全身大致以褐色为主，略沾粉红色，头、胸、腰及尾上覆羽粉红色较深。

　　栖于针叶林但越冬在雪松林及有灌丛覆盖的山坡。在地面跳跃、啄食昆虫于草籽。

　　不常见冬候鸟，在国内见于东北、华北地区，南至长江流域。越冬时可至海拔 2500 米。

　　在阿拉善盟为冬候鸟，数量少。见于贺兰山内及其外缘地带。

　　世界自然保护联盟（IUCN）评估等级：无危（LC）。

雄，摄于贺兰山樊家营子，王志芳

雌，摄于贺兰山樊家营子，王志芳

雌幼，摄于贺兰山樊家营子，王志芳

239. 白眉朱雀
（ bái méi zhū què ）

学　名：*Carpodacus dubius*
英文名：Chinese White-browed Rosefinch

小型地栖性鸣禽，体长约 14 厘米，雌雄异色。嘴角质灰色；脚肉褐色。雄鸟前额白色，眉纹甚长、中部粉白色、后端白色，眼先、眼周至颊部均为深粉红色。头顶、后颈至后背褐色，具黑色纵纹。腰及尾上覆羽深粉红色。两翼暗褐色，羽翈外缘白色，中覆羽羽端白色成微弱翼斑，部分个体翼斑为淡粉色。尾羽暗褐色。颏、喉及胸部粉红色，各羽具白色羽干纹。腹部粉红色，腹中部白色。雌鸟上体灰褐色具深色纵纹。眉纹橘黄色，后端白色，腰及尾上覆羽橘黄色。下体白色具浓密深色纵纹。

垂直迁移的候鸟，夏季于高海拔林线灌丛繁殖。成对或结小群活动于丘陵山坡灌丛，取食多在地面。

甚常见留鸟，指名亚种见于喜马拉雅山脉及春丕河谷；亚种 *dubius* 见于青海东北部及东部、甘肃、宁夏、西藏东部 (昌都)。

在阿拉善盟为留鸟。贺兰山常见留鸟。夏季在高海拔繁殖。

世界自然保护联盟（IUCN）评估等级：无危（LC）。

雄，摄于贺兰山黄土梁子，王志芳

雌，摄于贺兰山黄土梁子，王志芳

240. 金翅雀

(jīn chì què)

学　名：*Chloris sinica*
英文名：Grey-capped Greenfinch

　　小型地栖性鸣禽，体长 13 ～ 14 厘米，雌雄异色。嘴肉粉色；脚粉褐色。雄鸟繁殖羽头及后颈灰色，略带绿色，前额、眉纹、颊部及喉黄绿色，眼先黑色。背及翼上覆羽栗褐色，飞羽黑色具灰白色羽缘，金黄色翼斑宽阔。腰及尾上覆羽金黄色，尾羽黑褐色，具灰白色羽缘，外侧基部金黄色。胸及腹两侧栗褐色或淡褐色，腹部中央通淡黄色。尾下覆羽亮黄色。雌鸟似雄鸟但不及雄鸟鲜艳，黄色翼斑较小，下腹白色。幼鸟色淡且下体多纵纹。

　　栖于灌丛、旷野、人工林、林园及林缘地带，高可至海拔 2400 米。

　　分布于亚洲东部。在国内见于除新疆、西藏和海南外的大部分地区，为常见留鸟。

　　在阿拉善盟为留鸟。常见于贺兰山内及其外缘地带。

　　世界自然保护联盟（IUCN）评估等级：无危（LC）。

幼，摄于贺兰山水磨沟，王志芳

雄，繁殖羽，摄于贺兰山水磨沟，王志芳

非繁殖羽，摄于贺兰山水磨沟，王志芳

241. 巨嘴沙雀
（ jù zuǐ shā què ）

学　名：*Rhodospiza obsoleta*
英文名：Desert Finch

　　小型地栖性鸣禽，体长 14 ～ 15 厘米，雌雄同色。嘴黑色；脚深褐色。雄鸟上体大致为沙褐色，仅眼先黑色；翼上小覆羽和中覆羽与背部同为沙褐色，大覆羽黑褐色，具较宽的粉色羽缘；各级飞羽黑色，具近白色羽缘，构成翼上显著的粉色和白色翼斑；腰及尾上覆羽棕红色，尾羽黑色具较宽的白色羽缘；脸部平淡，颏、喉、胸及两胁为沙褐色，腹及尾下覆羽白色。雌鸟似雄鸟，眼先无黑色，飞羽褐色具白色羽缘。幼鸟整体色淡，嘴黄色。

　　生活在低海拔半荒漠地区。栖于半干旱的有稀疏矮丛的地带。也见于近水灌丛、农田、花园及耕地等。

　　分布于亚洲西部至中部。在国内主要见于西北部地区，为区域性常见鸟。

　　在阿拉善盟为常见留鸟。常见于贺兰山外缘地带。

　　世界自然保护联盟（IUCN）评估等级：无危（LC）。

幼，摄于贺兰山哈拉乌沟，王志芳

雌雄，摄于贺兰山哈拉乌沟，王志芳

242. 黄嘴朱顶雀
（ huáng zuǐ zhū dǐng què ）

学　名：*Linaria flavirostris*
英文名：Twite

　　小型地栖性鸣禽，体长约 13 厘米，雌雄同色。嘴黄且小，脚近黑色，与其他朱顶雀的区别在头顶无红色点斑。雄鸟棕色，头顶具深色纵纹，眼先深褐色；背部棕色具深褐色纵纹；两翼各羽黑褐色，具较宽的浅灰色羽缘；腰粉红，尾较长；前胸及两胁皮黄色具褐色纵纹，下体近白。雌鸟似雄鸟，腰为皮黄而非粉红色。

　　垂直迁移的候鸟。冬季迁移到海拔较低的山麓或农区村落活动。通常栖息于沟谷灌丛、山边坡地、高寒草甸和农田及村落环境。性喜群居，一般由几十只构成，偶有几百只的大群。

　　见于欧洲、亚洲西部及中部。在国内见于西北部至中部地区，为区域性常见留鸟或候鸟。

　　在阿拉善盟为冬候鸟、留鸟。迁徙季节及冬季见于贺兰山内及外缘地带。

　　世界自然保护联盟（IUCN）评估等级：无危（LC）。

繁殖羽，摄于阿拉善右旗龙首山，王志芳

非繁殖羽，摄于贺兰山跃进沟，王志芳

243. 赤胸朱顶雀
（ chì xiōng zhū dǐng què ）

学　名：*Linaria cannabina*
英文名：Common Linnet

　　小型树栖性鸣禽，体长约 14 厘米，雌雄同色。嘴灰黑色；脚黑褐色。雄鸟繁殖期头、颈灰色，前额红色，具不甚显著的白色或淡皮黄色眉纹。背部栗色，具模糊的深色纵纹；翼上覆羽与内侧次级飞羽与背部同色，多数飞羽和初级飞羽黑色，具白色羽缘；腰淡粉色，尾上覆羽黑色，具白色鳞状斑，尾羽基部白色，端部黑色；颏部、喉部白色，胸部红色，腹部皮黄色，尾下覆羽白色。雌鸟头部和胸部均无红色区域，上体黑色纵纹较为清晰。

　　主要活动于中低海拔的开阔生境，包括林缘、灌丛、农田等生境。

　　见于欧洲及亚洲中部。在国内仅见于新疆北部地区，为常见留鸟。

　　在阿拉善盟为迷鸟。2018 年 2 月在贺兰山哈拉乌沟口 1 笔记录（10 只左右）。

　　世界自然保护联盟（IUCN）评估等级：无危（LC）。

摄于贺兰山哈拉乌管护站，王志芳

摄于贺兰山哈拉乌管护站，王志芳

244. 白腰朱顶雀
（bái yāo zhū dǐng què）

学　名：*Acanthis flammea*
英文名：Common Redpoll

　　小型树栖性鸣禽，体长 13～14 厘米，雌雄同色。头顶有红色点斑，嘴黄色，脚黑色。雄鸟前额基部黑色，头顶前部红色，眼先黑褐色，颊灰褐色；头顶后部至背部灰白色，具显著的黑色纵纹；翼上覆羽深褐色，中覆羽和大覆羽具淡皮黄色或近白色端斑，形成翼斑，飞羽黑色，外翈具白色羽缘；腰白色，具黑色细纹，尾上覆羽和尾羽暗褐色，具近白色羽缘；颏黑色，喉至胸部红色，腹部及尾下覆羽白色，但两胁具较粗的黑褐色纵纹。雌鸟似雄鸟，喉、胸无红色。

　　快速冲跃式飞行。结群而栖，多在地面取食，受惊时飞至高树顶部。

　　广布于欧亚大陆和北美洲。在国内见于北部地区及台湾，为常见冬候鸟。

　　在阿拉善盟为冬候鸟。冬季在贺兰山外缘地带可见。

　　世界自然保护联盟（IUCN）评估等级：无危（LC）。

摄于贺兰山水磨沟

雌，摄于贺兰山前进沟，
王志芳

雄，摄于贺兰山前进沟，王志芳

245. 红交嘴雀

（hóng jiāo zuǐ què）

学　名：*Loxia curvirostra*
英文名：Red Crossbill

　　小型树栖性鸣禽，体长 16～17 厘米，雌雄异色，嘴甚厚实且上下嘴端均具钩并从侧面交叉，铅灰黑色。脚黑色。雄鸟通体砖红色，头部红色，眼先、眼周及耳羽黑褐色；背部、腰部及尾上覆羽皆为红色；两翼黑褐色，各羽具较窄的淡红色外翈羽缘；尾为凹形，尾羽黑色，羽缘淡棕色；下体大致为红色，部分个体为橙红色，尾下覆羽褐色，具灰白色鳞状斑。雌鸟整体暗橄榄绿色，具不甚清晰的暗褐色纵纹；腰呈黄绿色，无纵纹；颏、喉灰白色，胸、腹橄榄灰绿色，尾下覆羽白色具黑色轴斑；繁殖期胸、腹鲜黄绿色。幼鸟似雌鸟而下腹具纵纹。

　　食物全部为落叶松种子，倒悬进食，用交嘴嗑开松子。栖息在寒温针叶带的各种林型中。喜欢在鱼鳞云杉至臭冷杉林和黄花落叶松—白桦林中生活。常结群游荡，由 4～5 只或数十只不等。

　　见于欧亚大陆和北美洲。国内于长江以北地区广泛分布，为区域性常见留鸟。

　　在阿拉善盟为留鸟。见于贺兰山内。

　　世界自然保护联盟（IUCN）评估等级：无危（LC）。

雄，摄于贺兰山樊家营子，王志芳　　　　雌幼，摄于贺兰山樊家营子，王志芳

雌，摄于贺兰山哈拉乌沟，王志芳

246. 黄雀

（huáng què）

学　名：*Spinus spinus*
英文名：Eurasian Siskin

　　小型树栖性鸣禽，体长 11 ～ 12 厘米，雌雄同色，嘴灰褐色，短、直而尖细。雄鸟额至头顶及眼先、颏黑色，耳羽灰色，头侧、腰及尾上覆羽亮黄色。背黄绿色具暗色纵纹，翼上具醒目的黑色及黄色条纹。尾羽黑褐色具黄色羽缘，外侧基部亮黄色。喉、胸及上腹部亮黄色，两胁具黑色纵纹，下腹至尾下覆羽白色。雌鸟色淡而少黄色，头顶灰绿具暗色纵纹，颏及喉灰白色，下体纵纹较雄鸟清晰而浓密。与所有其他小型且色彩相似的雀的区别在嘴形尖直。

　　冬季结大群做波状飞行。觅食似山雀且活泼好动。

　　广泛分布于欧亚大陆。国内除青藏高原和西南部地区之外广泛分布。繁殖于中国东北的大小兴安岭。

　　在阿拉善盟为冬候鸟。见于贺兰山内及其外缘地带。

　　世界自然保护联盟（IUCN）评估等级：无危（LC）。

摄于贺兰山哈拉乌沟，王志芳　　　　　　　　　雄，摄于贺兰山苏峪口，胡岩松

鹀 科

247. 白头鹀
（bái tóu wú）

学　名：*Emberiza leucocephalos*
英文名：Pine Bunting

小型地栖性鸣禽，体长 16～18 厘米，雌雄各异。雄鸟繁殖羽具白色的顶冠纹头和黑色侧冠纹；脸及喉栗红色，上嘴深灰色，下嘴淡灰色，嘴基至耳羽白色，外缘黑色；体背红褐色具黑色纵纹，腰及尾上覆羽红褐色；胸及胁红褐色，上胸有明显白色胸环；腹至尾下覆羽白色；尾羽黑褐色，外侧尾羽有白色边缘。非繁殖羽羽色转暗淡，脸部图纹较模糊；脸及喉栗红色变淡，并夹杂暗色细纹，头顶转灰褐色。雌鸟似雄鸟非繁殖羽，羽色暗淡，脸部图纹不明显；喉白色具黑色细纵纹。脚粉褐色。

喜欢活动于林缘、林间空地，越冬时出现在阿拉善左旗贺兰山外缘草原。食物以植物性为主，且多是杂草种子。

在中国繁殖于西北和东北西部，亦见于青海东部，越冬至欧洲东南、南亚及东南亚。*Fronto* 亚种见于青海柴达木盆地东部及邻近的甘肃，为留鸟。

在阿拉善为冬候鸟、夏候鸟。冬季见于贺兰山及其外缘地带。

世界自然保护联盟（IUCN）评估等级：无危（LC）。

雄，繁殖羽，摄于贺兰山前进沟，
王志芳

雄，非繁殖羽，摄于贺兰山跃进沟，
王志芳

雌、雄，摄于贺兰山哈拉乌管护站，王志芳

248. 戈氏岩鹀
（gē shì yán wú）

学　名：*Emberiza godlewskii*
英文名：Godlewski's Bunting

　　小型地栖性鸣禽，体长 16～17 厘米，雌雄相似。雄鸟头至上胸灰色，侧冠纹及贯眼纹栗色，眼先及髭纹黑色，嘴蓝灰色；背部具深褐色纵纹，腹部及腰棕黄色。雌鸟似雄鸟但色淡。脚粉褐色。与三道眉草鹀的区别在顶冠纹灰色。幼鸟头、上背及胸具黑色纵纹，野外与三道眉草鹀幼鸟几乎无区别。

　　喜干燥而多岩石的丘陵山坡及近森林而多灌丛的沟壑深谷。喜群居。

　　国内见于华北、华中及西南，为常见留鸟。*godlewskii* 见于青海西部、甘肃、宁夏及内蒙古西部。在阿拉善盟为留鸟。在贺兰山为常见留鸟，种群数量大。

　　世界自然保护联盟（IUCN）评估等级：无危（LC）。

繁殖羽，摄于贺兰山哈拉乌沟，王志芳

非繁殖羽，摄于贺兰山樊家营子，王志芳

249. 三道眉草鹀
（sān dào méi cǎo wú）

学　名：*Emberiza cioides*
英文名：Meadow Bunting

　　小型地栖性鸣禽，体长 15～18 厘米，雌雄略异，具醒目的黑白色头部和栗色的胸带，眉纹、髭纹及颏、喉部白色。雄鸟繁殖羽头顶栗褐色，眼先和脸颊深栗，颈侧灰色并向下延伸与喉部的白色相融汇；上体暖褐色具栗褐色纵纹，腰及尾上覆羽红棕色；飞羽及尾羽黑褐色具浅色羽缘，外侧尾羽白色；下胸及腹淡棕色，尾下覆羽白色。雌鸟色较淡，眉线及下颊纹皮黄色，胸深皮黄色。雄雌两性均似鲜见于中国东北的栗斑腹鹀。但三道眉草鹀的喉与胸对比强烈，耳羽褐色而非灰色，白色翼纹不醒目，上背纵纹较少，腹部无栗色斑块。幼鸟色淡且多细纵纹，甚似戈氏岩鹀的幼鸟但中央尾羽的棕色羽缘较宽，外侧尾羽羽缘白色。

　　栖居高山丘陵的开阔灌丛及林缘地带，冬季下至较低的平原地区。

　　在我国见于西北部、东北大部、华中及华东，冬季有时远及我国台湾及南海沿海地区。

　　在阿拉善盟为留鸟。见于贺兰山，种群数量大，冬季在贺兰山外缘活动。

　　世界自然保护联盟（IUCN）评估等级：无危（LC）。

雄，摄于贺兰山水磨沟，王志芳

雌，摄于贺兰山水磨沟，王志芳

250. 圃鹀
（pǔ wú）

学 名：*Emberiza hortulana*
英文名：Ortolan Bunting

　　小型地栖性鸣禽，体长 15 ～ 17 厘米，雌雄同色。嘴粉红色；脚粉红色。头及胸清绿灰色，浅黄色眼圈显著，皮黄色的髭纹及喉部成特殊图纹。与灰颈鹀的区别在于胸偏灰色而与棕色的腹部截然分开，头灰色而偏绿色，翼斑常为白色。雌鸟及幼鸟色暗，顶冠、颈背及胸具黑色纵纹，无眉纹、粗显的皮黄色下髭纹及头部的绿染有别于其他的鹀。

　　结小群生活，于树上及地面取食。迁徙期出没于田野、园林、城市。一般齐足跳动。

　　在中国主要见于新疆，繁殖于阿尔泰山、天山及喀什地区西部。

　　在阿拉善盟为迷鸟。2010 年 6 月于贺兰山北寺有 1 笔记录（1 只）。

　　世界自然保护联盟（IUCN）评估等级：无危（LC）。

雄，摄于贺兰山北寺，王志芳

251. 小鹀
（xiǎo wú）

学　名：*Emberiza pusilla*
英文名：Little Bunting

　　小型地栖性鸣禽，体长 12～14 厘米，雌雄同色。虹膜深红褐色，眼圈白色；嘴铅灰色；脚肉褐色。雄鸟繁殖羽顶冠纹、眉纹、耳羽、颊及颏红褐色。侧冠纹粗而黑，耳羽外缘和髭纹黑色。有白色眼圈。背部褐色具黑色纵纹，翼黑褐具红褐色羽缘，有 2 条淡色翼带。腹部白色，前胸及两胁有黑色纵纹。雌鸟似雄鸟，头部、脸及翼上覆羽的红褐色较淡，喉无红褐色，眉线较明显，侧冠纹较浅呈黑褐色。非繁殖羽羽色较淡，头部红褐色与黑色侧冠纹混杂。

　　多栖息于平原、丘陵、山谷和高山以及栖息于灌木丛、小乔木、村边树林与草地、苗圃、麦地和稻田中。

　　迁徙时常见于我国东北，越冬在新疆西部、华中、华东和华南的大部地区及台湾地区。

　　在阿拉善盟为旅鸟。迁徙季节易见于贺兰山低海拔灌丛及其外缘地带。

　　世界自然保护联盟（IUCN）评估等级：无危（LC）。

雄，摄于阿拉善左旗巴彦浩特镇敖包沟公园，王志芳

幼，摄于阿拉善左旗巴彦浩特镇敖包沟
公园，王志芳

雌，摄于阿拉善左旗巴彦浩特镇贺兰草原，王志芳

252. 黄喉鹀
（huáng hóu wú）

学　名：*Emberiza elegans*
英文名：Yellow-throated Bunting

　　小型地栖性鸣禽，体长 15～16 厘米。嘴铅灰色；脚肉色。雄鸟繁殖羽头上有明显黑色羽冠，眉线鲜黄向后渐宽，颊、眼先、眼周至耳羽均为黑色，耳羽后方有白斑；背灰褐具栗褐色纵斑，翼黑褐具淡色羽缘，有 2 条淡色翼带。喉黄，腹白，上胸有三角形黑色斑块，体侧有栗褐色夹杂黑色的纵纹。尾羽灰褐色，两条中央尾羽偏灰色，两对外侧尾羽有白色楔状斑。雌鸟似雄鸟，但羽色较淡，凤头为较不鲜明的褐色，喉黄色较浅，胸部无黑色斑块。

　　常结成小群活动于山麓、山间溪流平缓处的阔叶林间以及山间的草甸和灌丛，迁徙季节亦不结大群，途中会选择平原的杂木阔叶林落脚。

　　我国甚常见留鸟于中部至西南，繁殖于东北，越冬于东南和台湾地区。

　　在阿拉善盟为旅鸟。在贺兰山南寺北寺各有 1 笔记录（共 4～5 只）。

　　世界自然保护联盟（IUCN）评估等级：无危（LC）。

雌，摄于贺兰山北寺，王志芳

雄，摄于贺兰山南寺，齐麟

253. 灰头鹀
（huī tóu wú）

学　名：*Emberiza spodocephala*
英文名：Black-faced Bunting

　　小型地栖性鸣禽，体长 14 ～ 16 厘米，雌雄异色。上嘴近黑色并具浅色边缘，下嘴偏粉色且嘴端深色；脚粉褐色。亚种甚多，指名亚种繁殖期雄鸟的头、颈、喉及上胸灰色，眼先及颊灰黑色；后背浅褐色具黑色纵纹。两枚外侧尾羽外䍃白色，其余尾羽褐色；翅膀上具两道翅斑；胸部和两胁呈淡淡的硫黄色，胁部还缀有褐色纵纹，腹部和尾下覆羽呈白色。雌鸟头颈部以褐色为基调，眉纹和颊纹细长呈黄白色，颊纹在耳羽后向上延伸与眉纹相连，耳羽褐色羽轴黑色，颌部色浅淡；上体余部与雄性相似，下体自喉至胸部及两胁黄色，胸侧和胁部具褐色纵斑，总体颜色不及雄性鲜明。

　　单独或集小群于森林、林地及灌丛的地面觅食，适应多种生境。

　　指名亚种繁殖于西伯利亚至我国东北、日本及俄罗斯库页岛，越冬于我国南方。

　　在阿拉善盟为旅鸟。迁徙季节少见于贺兰山外缘地带。

　　世界自然保护联盟（IUCN）评估等级：无危（LC）。

雄，摄于贺兰山长流水，王志芳

雌，摄于贺兰山跃进沟，王志芳

254. 苇鹀

（wěi wú）

学　名：*Emberiza pallasi*
英文名：Pallas's Bunting

　　小型地栖性鸣禽，体长 14 ～ 16 厘米，雌雄同色。嘴灰黑色；脚粉褐色。繁殖期雄鸟白色的下髭纹与黑色的头及喉成对比，颈圈白色而下体灰色，上体具灰色及黑色的纵纹。似芦鹀但略小，上体几乎无褐色或棕色，小覆羽蓝灰而非棕色和白色，翼斑多显。雌鸟和非繁殖期雄鸟及各阶段体羽的幼鸟均为浅沙皮黄色，且头顶、上背、胸及两胁具深色纵纹。耳羽不如芦鹀或红颈苇鹀色深，灰色的小覆羽有别于芦鹀，上嘴形直而非凸形，尾较长。

　　越冬结小群或单只活动于近水高草丛，尤其是芦苇地中。

　　中国冬季见于西北至甘肃、陕西北部以及东部沿海的广大范围。

　　在阿拉善盟为冬候鸟。冬季见于贺兰山外缘地带。

　　世界自然保护联盟（IUCN）评估等级：无危（LC）。

摄于贺兰山哈拉乌沟，王志芳

繁殖羽，摄于贺兰山哈拉乌沟，王志芳

摄于贺兰山哈拉乌沟，王志芳

255. 芦鹀
(lú wú)

学　名：*Emberiza schoeniclus*

英文名：Reed Bunting

　　小型地栖性鸣禽，体长 13 ～ 16 厘米，雌雄同色。嘴黑灰色；脚深褐色至粉褐色。雄鸟繁殖期头部和喉部黑色，后颈白色半颈环和白色髭纹相连接，背部整体棕红色，具黑色纵纹，腰淡灰色。雌鸟及非繁殖期雄鸟相似，整体颜色较淡泛棕红色，头顶及耳羽具杂斑，眉线皮黄色，边缘不清晰，前胸及两胁具纵纹，小覆羽棕色，喉至上胸黑褐色，中央带白色，最外侧一枚尾羽边缘黑色，内侧为白色。诸多亚种有细微的差异。在中国繁殖的亚种中，*minor* 体型最小，*pyrrhuloides* 及 *zaidamensis* 体大且嘴呈球状。后者较 *pyrrhuloides* 多皮黄色而少灰色。

　　栖于高芦苇地，但冬季也在林地、田野及开阔原野取食。

　　地区性常见。亚种 *pyrrhuloides* 繁殖于国内新疆西部（喀什）及新疆东部（哈密），越冬鸟于黄河上游及甘肃西北部。亚种 *passerina parvirostris* 及 *incognita* 偶见在中国西北部越冬。

　　在阿拉善盟为冬候鸟。冬季见于贺兰山外缘地带。

　　世界自然保护联盟（IUCN）评估等级：无危（LC）。

摄于贺兰山前进沟，王志芳

非繁殖羽，摄于贺兰山前进沟，王志芳

繁殖羽，摄于贺兰山水磨沟，王志芳

参考文献

刘阳，陈水华，2021. 中国鸟类观察手册 [M]. 长沙：湖南科学技术出版社.

曲利明，2014. 中国鸟类图鉴 [M]. 福州：海峡书局.

氏原巨雄·氏原道昭，丁楠雅，魏晨韬，等，2017. 鸥类识别手册 [M]. 哈尔滨：东北林业大学出版社.

旭日干，2013. 内蒙古动物志：第 4 卷　鸟纲 [M]. 呼和浩特：内蒙古大学出版社.

萧木吉，政霖，2015. 台湾野鸟手绘图鉴 [M].2 版. 台北：社团法人台北市野鸟学会.

约翰·马敬能，卡伦·菲利普斯，何芬奇，2000. 中国鸟类野外手册 [M]. 长沙：湖南教育出版社.

郑光美，2017. 中国鸟类分类与分布名录 [M].3 版. 北京：科学出版社.

赵欣如，2018. 中国鸟类图鉴 [M]. 北京：商务印书馆.

章麟，张明，2018. 中国鸟类图鉴（鸻鹬版）[M]. 福州：海峡书局.

附录1 鸟类结构与名称

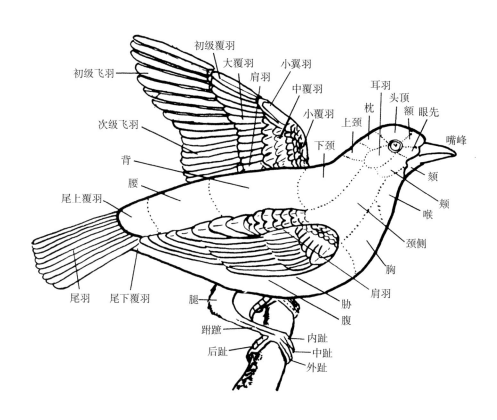

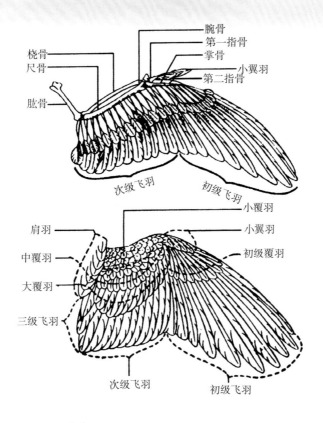

次级飞羽　初级飞羽

肩羽　中覆羽　大覆羽　三级飞羽　小覆羽　小翼羽　初级覆羽　次级飞羽　初级飞羽

不等趾型（麻雀）

不等趾型（大鵟）

并趾型（翠鸟）

对趾型（啄木鸟）

异趾型（咬鹃）

前趾型（雨燕）

蹼足（潜鸟）

凹蹼足（燕鸥）

全蹼足（鸬鹚）

半蹼足（鹬）

瓣蹼足（鹢䴘）

附录 2　鸟类常用术语

成　鸟：性成熟，具有繁殖能力的鸟。

亚成鸟：第一次换羽毛后至成为成鸟期间的鸟。

幼　鸟：离巢后至第一次换羽期间的鸟。

雏　鸟：孵化后至羽毛长成期间的鸟。

留　鸟：全年在当地生活，春秋不进行长距离迁徙的鸟类。

旅　鸟：春季迁徙时旅经此地，不停留或仅有短暂停留的鸟类。

迷　鸟：迁徙时偏离正常路线而到此栖息的鸟类。

夏候鸟：春季迁徙来此繁殖，秋季再向越冬区南迁的鸟类。

冬候鸟：冬季来此地越冬，春季再向北方繁殖区迁徙的鸟类。

夏　羽：春夏季繁殖期间长出的羽，又称繁殖羽。

冬　羽：繁殖期过后所换的新羽，又称非繁殖羽。

早成鸟：雏出壳后全身被绒羽，眼睁开，有视觉、听觉和避敌反应，有一定的维持恒温能力，能站立和行走并随亲鸟自行取食，又称离巢鸟。

晚成鸟：雏出壳后体裸无羽或仅稀疏被羽，眼未睁，仅有最简单的求食反应，不能站立，要亲鸟保温送食一段时期后才能离巢，又称留巢鸟。

鸟类按照生活习性和外形特征可分为八大类，各类鸟因食性、觅食方式和生活环境不同，形成各不相同的体型特征。

走　禽：鸵鸟等，翅膀退化，腿长坚强。

游　禽：鸳鸯、鸭、鹅、雁等。游禽类颈长，嘴扁而宽，眼睛靠上，头略呈三角形，前高后低，胸部宽阔平扁，尾短小，足短并有蹼。

涉　禽：鹤、鹭等，常栖止于浅水地带，习惯长时间站在水中等候鱼虾游来，啄而食之。涉禽颈长、腿长、嘴长、尾短。鹭鹳类趾间也有蹼，但不如游禽发达，爪四趾着地。鹤类无蹼，后趾退化不着地，前三趾分开角度较大。鹤类飞时颈蜷缩。

猛　禽：鹞、鹰、雕、鹫等。猛禽类食肉，性格凶猛；头部扁平；上眼眶突出，眼大凹进，并略向前集中；嘴部粗壮弯成尖钩状，嘴的基部有蜡状膜或羽须，口裂大，延伸至眼下方；腿爪粗壮，指甲弯成尖钩状，是捕食的利器；翅膀强大厚硬，一列飞羽张开如手指状。

攀　禽：啄木鸟、鹦鹉、翠鸟等。攀禽以善于攀缘树木为特点。啄木鸟与鹦鹉的第四趾转向后方；翠鸟的二、三趾基部相连，三、四趾并生，只能攀枝，不宜落地。

鸣　禽：鸣禽是鸟类中最进化的一类，善飞翔，善跳跃，有声带，善鸣叫，嘴形因食性而异。

鸠　鸽：鸠、鸽等。鸠鸽类头圆，上嘴基部有一对皮膜，胸宽、翅膀大、善于飞翔，腿短而强，眼、爪多为红色，多数嘴尖长。

鹑　鸡：鹌鹑、石鸡、雉类、孔雀等。鹑鸡类食性很杂，常刨土觅食谷物种子；头部略呈三角形，前尖后宽，上嘴长于下嘴，尖弯但无钩，爪亦较强；翅膀短圆，善走，不善飞翔。鹌鹑类尾短。雉鸡类多有漂亮的长尾，头有羽冠或肉冠，脸部多裸露肉皮。

附录3 《贺兰山鸟类图谱》名录

中文名	学名	国家重点保护 野生动物保护级别	备注
一、雁形目	**ANSERIFORMES**		
鸭科	**Anatidae**		
灰雁	*Anser anser*		
鸿雁	*Anser cygnoid*	II级	
豆雁	*Anser fabalis*		
白额雁	*Anser albifrons*	II级	
小天鹅	*Cygnus columbianus*	II级	
大天鹅	*Cygnus cygnus*	II级	
赤麻鸭	*Tadorna ferruginea*		
鸳鸯	*Aix galericulata*	II级	
琵嘴鸭	*Spatula clypeata*		
赤膀鸭	*Mareca strepera*		
罗纹鸭	*Mareca falcata*		
赤颈鸭	*Mareca penelope*		
斑嘴鸭	*Anas zonorhyncha*		
绿头鸭	*Anas platyrhynchos*		
针尾鸭	*Anas acuta*		
绿翅鸭	*Anas crecca*		
赤嘴潜鸭	*Netta rufina*		
红头潜鸭	*Aythya ferina*		
青头潜鸭	*Aythya baeri*	I级	
白眼潜鸭	*Aythya nyroca*		
凤头潜鸭	*Aythya fuligula*		
斑背潜鸭	*Aythya marila*		
鹊鸭	*Bucephala clangula*		
斑头秋沙鸭	*Mergellus albellus*	II级	

中文名	学名	国家重点保护 野生动物保护级别	备注
普通秋沙鸭	*Mergus merganser*		
二、鸡形目	**GALLIFORMES**		
雉科	**Phasianidae**		
石鸡	*Alectoris chukar*		
蓝马鸡	*Crossoptilon auritum*	Ⅱ级	
雉鸡	*Phasianus colchicus*		
三、鸊鷉目	**PODICIPEDIFORMES**		
鸊鷉科	**Podicipedidae**		
小鸊鷉	*Tachybapus ruficollis*		
凤头鸊鷉	*Podiceps cristatus*		
黑颈鸊鷉	*Podiceps nigricollis*	Ⅱ级	
四、鹳形目	**CICONIIFORMES**		
鹳科	**Ciconiidae**		
黑鹳	*Ciconia nigra*	Ⅰ级	
五、鹈形目	**PELECANIFORMES**		
鹮科	**Threskiornithidae**		
白琵鹭	*Platalea leucorodia*	Ⅱ级	
鹭科	**Ardeidae**		
大麻鳽	*Botaurus stellaris*		
黄苇鳽	*Ixobrychus sinensis*		
夜鹭	*Nycticorax nycticorax*		
池鹭	*Ardeola bacchus*		
草鹭	*Ardea purpurea*		
牛背鹭	*Bubulcus coromandus*		
苍鹭	*Ardea cinerea*		
大白鹭	*Ardea alba*		
中白鹭	*Ardea intermedia*		
白鹭	*Egretta garzetta*		
六、鲣鸟目	**SULIFORMES**		
鸬鹚科	**Phalacrocoracidae**		
普通鸬鹚	*Phalacrocorax carbo*		
七、鹰形目	**ACCIPITRIFORMES**		
鹗科	**Pandionidae**		
鹗	*Pandion haliaetus*	Ⅱ级	
鹰科	**Accipitridae**		

中文名	学名	国家重点保护野生动物保护级别	备注
胡兀鹫	*Gypaetus barbatus*	Ⅰ级	
高山兀鹫	*Gyps himalayensis*	Ⅱ级	
秃鹫	*Aegypius monachus*	Ⅰ级	
靴隼雕	*Hieraaetus pennatus*	Ⅱ级	
短趾雕	*Circaetus gallicus*	Ⅱ级	
草原雕	*Aquila nipalensis*	Ⅰ级	
金雕	*Aquila chrysaetos*	Ⅰ级	
赤腹鹰	*Accipiter soloensis*	Ⅱ级	
雀鹰	*Accipiter nisus*	Ⅱ级	
日本松雀鹰	*Accipiter gularis*	Ⅱ级	
苍鹰	*Accipiter gentilis*	Ⅱ级	
凤头蜂鹰	*Pernis ptilorhynchus*	Ⅱ级	
白头鹞	*Circus aeruginosus*	Ⅱ级	
白腹鹞	*Circus spilonotus*	Ⅱ级	
白尾鹞	*Circus cyaneus*	Ⅱ级	
黑鸢	*Milvus migrans*	Ⅱ级	
大鵟	*Buteo hemilasius*	Ⅱ级	
普通鵟	*Buteo japonicus*	Ⅱ级	
八、鹤形目	**GRUIFORMES**		
秧鸡科	**Rallidae**		
普通秧鸡	*Rallus indicus*		
白胸苦恶鸟	*Amaurornis Phoenicurus*		
黑水鸡	*Gallinula chloropus*		
骨顶鸡	*Fulica atra*		
九、鸻形目	**CHARADRIIFORMES**		
反嘴鹬科	**Recurvirostridae**		
反嘴鹬	*Recurvirostra avosetta*		
黑翅长脚鹬	*Himantopus himantopus*		
鸻科	**Charadriidae**		
凤头麦鸡	*Vanellus vanellus*		
灰头麦鸡	*Vanellus cinereus*		
金眶鸻	*Charadrius dubius*		
金斑鸻	*Pluvialis fulva*		
环颈鸻	*Charadrius alexandrinus*		
蒙古沙鸻	*Charadrius mongolus*		

中文名	学名	国家重点保护 野生动物保护级别	备注
铁嘴沙鸻	*Charadrius leschenaultii*		
鹬科	**Scolopacidae （Snipes,Sandpipers, Phalaropes)**		
黑尾塍鹬	*Limosa limosa*		
弯嘴滨鹬	*Calidris ferruginea*		
青脚滨鹬	*Calidris temminckii*		
长趾滨鹬	*Calidris subminuta*		
尖尾滨鹬	*Calidris acuminata*		
红颈滨鹬	*Calidris ruficollis*		
小滨鹬	*Calidris minuta*		
丘鹬	*Scolopax rusticola*		
孤沙锥	*Gallinago solitaria*		
扇尾沙锥	*Gallinago gallinago*		
矶鹬	*Actitis hypoleucos*		
白腰草鹬	*Tringa ochropus*		
红脚鹬	*Tringa totanus*		
林鹬	*Tringa glareola*		
翘嘴鹬	*Xenus cinereus*		
鸥科	**Laridae**		
红嘴鸥	*Chroicocephalus ridibundus*		
渔鸥	*lchthyaetus ichthyaetus*		
海鸥	*larus canus*		
遗鸥	*lchthyaetus relictus*	Ⅰ级	
鸥嘴噪鸥	*Gelochelidon nilotica*		
红嘴巨鸥	*Hydroprogne caspia*		
蒙古银鸥	*Larus mongolicus*		
白额燕鸥	*Sternula albifrons*		
普通燕鸥	*Sterna hirundo*		
须浮鸥	*Chlidonias hybrida*		
十、鸽形目	**COLUMBIFORMES**		
鸠鸽科	**Columbidae**		
岩鸽	*Columba rupestris*		
灰斑鸠	*Streptopelia decaocto*		
山斑鸠	*Streptopelia orientalis*		
珠颈斑鸠	*Spilopelia chinensis*		

中文名	学名	国家重点保护 野生动物保护级别	备注
十一、鹃形目	**CUCULIFORMES**		
杜鹃科	**Cuculidae**		
大杜鹃	*Cuculus canorus*		
十二、鸮形目	**STRIGIFORMES**		
鸱鸮科	**Strigidae**		
雕鸮	*Bubo bubo*	Ⅱ级	
纵纹腹小鸮	*Athene noctua*	Ⅱ级	
长耳鸮	*Asio otus*	Ⅱ级	
十三、夜鹰目	**CAPRIMULGIFORMES**		
夜鹰科	**Caprimulgidae**		
欧夜鹰	*Caprimulgus europaeus*		
十四、雨燕目	**APODIFORMES**		
雨燕科	**Apodidae**		
普通楼燕	*Apus apus*		
白腰雨燕	*Apus pacificus*		
十五、佛法僧目	**CORACIIFORMES**		
翠鸟科	**Alcedinidae**		
蓝翡翠	*Halcyon pileata*		
普通翠鸟	*Alcedo atthis*		
十六、犀鸟目	**BUCEROTIFORMES**		
戴胜科	**Upupidae**		
戴胜	*Upupa epops*		
十七、啄木鸟目	**PICIFORMES**		
啄木鸟科	**Picidae**		
蚁䴕	Jynx torquilla		
大斑啄木鸟	*Dendrocopos major*		
十八、隼形目	**FALCONIFORMES**		
隼科	**Falconidae**		
红隼	*Falco tinnunculus*	Ⅱ级	
红脚隼	*Falco amurensis*	Ⅱ级	
灰背隼	*Falco columbarius*	Ⅱ级	
燕隼	*Falco subbuteo*	Ⅱ级	
猎隼	*Falco cherrug*	Ⅰ级	
游隼	*Falco peregrinus*	Ⅱ级	
十九、雀形目	**PASSERIFORMES**		

中文名	学名	国家重点保护 野生动物保护级别	备注
伯劳科	**Laniidae**		
虎纹伯劳	*Lanius tigrinus*		
牛头伯劳	*Lanius bucephalus*		
红尾伯劳	*Lanius cristatus*		
荒漠伯劳	*Lanius isabellinus*		
灰背伯劳	*Lanius tephronotus*		
灰伯劳	*Lanius borealis*		
楔尾伯劳	*Lanius sphenocercus*		
卷尾科	**Dicruridae**		
黑卷尾	*Dicrurus macrocercus*		
发冠卷尾	*Dicrurus hottentottus*		
鸦科	**Corvidae**		
喜鹊	*Pica serica*		
红嘴山鸦	*Pyrrhocorax pyrrhocorax*		
小嘴乌鸦	*Corvus corone*		
大嘴乌鸦	*Corvus macrorhynchos*		
太平鸟科	**Bombycillidae**		
太平鸟	*Bombycilla garrulus*		
小太平鸟	*Bombycilla japonica*		
山雀科	**Paridae**		
煤山雀	*Periparus ater*		
褐头山雀	*Poecile montanus*		
远东山雀	*Parus minor*		
攀雀科	**Remizidae**		
白冠攀雀	*Remiz coronatus*		
中华攀雀	*Remiz consobrinus*		
文须雀科	**Panuridae**		
文须雀	*Panurus biarmicus*		
百灵科	**Alaudidae**		
云雀	*Alauda arvensis*	Ⅱ级	
凤头百灵	*Galerida cristata*		
角百灵	*Eremophila alpestris*		
（亚洲）短趾百灵	*Alaudala cheleensis*		
鹎科	**Pycnonotidae**		
白头鹎	*Pycnonotus sinensis*		

续表

中文名	学名	国家重点保护 野生动物保护级别	备注
燕科	**Hirundinidae**		
崖沙燕	*Riparia riparia*		
家燕	*Hirundo rustica*		
岩燕	*Ptyonoprogne rupestris*		
长尾山雀科	**Aegithalidae**		
北长尾山雀	Aegithalos caudatus		
银喉长尾山雀	*Aegithalos glaucogularis*		
莺科	**sylvlidae**		
凤头雀莺	*Leptopoecile elegans*		
柳莺科	**Phylloscopidae**		
橙斑翅柳莺	*Phylloscopus pulcher*		
淡眉柳莺	*Phylloscopus humei*		
黄眉柳莺	*Phylloscopus inornatus*		
黄腰柳莺	*Phylloscopus proregulus*		
棕眉柳莺	*Phylloscopus armandii*		
褐柳莺	*Phylloscopus fuscatus*		
棕腹柳莺	*Phylloscopus subaffinis*		
叽喳柳莺	*Phylloscopus collybita*		
双斑绿柳莺	*Phylloscopus plumbeitarsus*		
暗绿柳莺	*Phylloscopus trochiloides*		
极北柳莺	*Phylloscopus borealis*		
苇莺科	**Acrocephalidae**		
东方大苇莺	*Acrocephalus orientalis*		
稻田苇莺	*Acrocephalus agricola*		
蝗莺科	**Sylvliidae**		
小蝗莺	*Helopsaltes certhiola*		
噪鹛科	**Leiothrichidae**		
山噪鹛	*Garrulax davidi*		
莺鹛科	**Garrulax davidi**		
白喉林莺	*Sylvia curruca*		
荒漠林莺	*Sylvia nana*		
鸦雀科	**Paradoxornithidae**		
山鹛	*Rhopophilus pekinensis*		
绣眼鸟科	**Zosteropidae**		
红胁绣眼鸟	*Zosterops erythropleurus*	II级	